Fritz Bremer

In allen Lüften hallt es wie Geschrei

Fritz Bremer, geboren 1954 in Lübbecke, ist Diplompädagoge und arbeitet seit Mitte der 70er Jahre in sozialpädagogischen und sozialpsychiatrischen Einrichtungen. Er gründete 1985 den „Brückenschlag – Zeitschrift für Sozialpsychiatrie, Literatur, Kunst“ und später den Paranus Verlag. Heute ist er (Mit)Geschäftsführer der Brücke Neumünster gGmbH. Er ist verheiratet und Vater von drei Kindern.

Fritz Bremer

In allen Lüften hallt es wie Geschrei

Jakob van Hoddis
Fragmente einer Biographie

Paranus verlag

Die Deutsche Bibliothek – CIP-Einheitsaufnahme
Bremer, Fritz: In allen Lüften hallt es wie Geschrei:
Jakob van Hoddis – Fragmente einer Biographie /
Fritz Bremer. – Neuaufl. / mit einem aktuellen Nachw.
von Irene Stratenwerth.
Neumünster : Paranus-Verl., 2001
ISBN 3-926200-46-4

Herstellung: Die Brücke Neumünster gGmbH
Umschlaggestaltung: Timo Kanerva, Seedorf, unter Verwendung
der Originalhandschrift des Gedichtes »Weltende«.
Mit freundlicher Genehmigung des Deutschen Literaturarchivs,
Marbach a. N., das diese Originalhandschrift bewahrt.

Für die Abdruckgenehmigung der Gedichte »Morgens«, »Wirf deinen
Anker« sowie des Auszugs aus »Indianisch Lied« und der Auszüge aus
den Krankenakten danken wir den Erben Hans Davidsohns.

Diese Texte wurden entnommen aus:
Jakob van Hoddis: Dichtungen und Briefe –
herausgegeben von Regina Nörtemann

Auch die Zitate aus Briefen und anderen Dokumenten
gehen auf die Ausgabe von Regina Nörtemann zurück.

Ein Pfleger schloß die Tür hinter ihm. Der Psychiater Dr. Nawratzki sah dem neuen Patienten neugierig entgegen: »Hans Davidsohn?“ Hoddis antwortete nicht, zog seine Mütze fest und tief in die Stirn. Hoddis murmelte: »Die monströsen Menschen sollen aufhören, dauernd meine Bude zu berennen.« Währenddessen starrte er auf die Hände des Arztes. Dr. Nawratzki öffnete die Akte. »Patient erschien nie normal, geistig hyperentwickelt. Pat. machte sein Abiturientenexamen zu 18 Jahren. Studiengang sonderbar. Pat. hatte sich verbummelt, gründete eine Schriftstellerschule, die Neopathetiker. Krankheitserscheinungen: Pat. spricht viel von religiösen Dingen, ist sehr abrupt. Pat. sei bis zum 9. Jahr schwächlich gewesen, dann stärkere nervöse Beschwerden. Er hatte das Gefühl, er müßte um sich schlagen, war ein halbes Jahr außer Schule. Vorher in der Schule sei er viel gehänselt worden, hatte den Spitznamen Chinese, Japaner. Hatte nie rechte Freunde; er galt immer als faul, aber sehr begabt. Als er in Unterprima war, bedrückte ihn die Schule. Es herrschte hier eine streng protestantische Atmosphäre.

Er verließ die Schule infolge zweier Vorkommnisse. Ein Lehrer sagte ihm in der Unterprima: ›Du bist ein dummes Schaf‹, ferner zankte er sich mit dem Schuldiener. Pat. hatte das Gefühl des Stumpfsinns, hatte kein Interesse für die Schulfächer. Gestört war seine Gesundheit noch durch eine mäßige Onanie.

Pat. wollte Architekt werden, Maurermeister, arbeitete bei einer Baufirma. Pat. studierte Philologie und Philosophie. Sein Wunsch war, Schriftsteller zu werden.

Hielt sich für einen sehr begabten Menschen, glaubte, von keinem etwas lernen zu können. Pat. kaufte sehr viele Bücher, trieb zeitweise auch einen gewissen Personenkult. Er leistete nichts Ordentliches. Trieb sehr viel Griechisch. Hat sich dann als Schriftsteller betätigt. Machte keine Examina. [...] Dichtete unter dem Pseudonym Jakob van Hoddis. Galt als geistig sehr bedeutend.«

Hoddis hielt den Kopf geneigt, so daß sein linkes Ohr die Schulter berührte. Der Arzt musterte ihn: »Haben Sie noch Kontakt zu ihren Freunden in Berlin?«

Hoddis hob den Kopf, beugte sich vor: »Ich habe gute Beziehungen zum »Simplizissimus«, zum »Sturm« und zur »Aktion«. Das reicht. Sie jedenfalls sollten sich vorsehen.«

Dr. Nawratzki versuchte, die Drohung zu überhören: »Sie meinen, Ihre Freunde werden über Ihren Aufenthalt hier natürlich etwas schreiben. Nun gut. Schreiben Sie selbst noch Gedichte?« Hoddis verzog das Gesicht und zeigte dem Arzt die Zähne: »Sie scheinen ein Kenner zu sein!«

Der Doktor wechselte das Thema: »Mir wurde berichtet, Sie würden sich weder waschen noch würden Sie Ihre Kleider wechseln. Das ...«

»Das ist eine Unverschämtheit«, unterbrach ihn Hoddis, »wer will mir hier Vorschriften machen? Sie selbst führen sich inkorrekt auf und stellen mir Fragen? Unterlassen Sie Ihre Versuche, mich zu hypnotisieren!«

»So beruhigen Sie sich doch, Herr Davidsohn, niemand will Sie hypnotisieren. Hören Sie so etwas? Hören Sie Stimmen?«

Der Arzt schwieg abwartend. Hoddis lauschte: »Jetzt höre ich nichts«, er grinste, »früher habe ich vielleicht geträumt.«

»Visionen? Hatten Sie Visionen?« fragte der Arzt eilig nach.

»Ich sage ja, ich habe lebhaft geträumt«, erklärte Hoddis beiläufig, »so daß ich nicht weiß, ob 's nur ein Traum oder wirkliche Vision war; da habe ich dann auch öfter meinen Namen brüllen hören. Sie verstehen? Kann ich jetzt gehen?«

Es war kühl und regnerisch. Die Pflastersteine der Fahrdämme glänzten schwarz unter dem Licht der Bogenlampen. Schon seit Einbruch der Dämmerung streifte Hoddis ruhelos durch die Straßen Berlins. Nun zog es ihn zum »Café des Westens«, um dort Freunde zu treffen. Als er aber in die Nähe kam, durch das

Gitter im Vorgarten die gestikulierenden Leute an den Tischen sah, schon das Stimmengewirr der Gäste hörte, da wußte er kaum noch, was er da sollte. Er mochte nicht sitzen und trinken und rauchen, er wollte nicht reden, Gedichte lesen, pfiffige Bemerkungen hören oder gar selbst sich um welche bemühen. Er trat ein. Rauch quoll durch den Raum. Die runden Marmorplatten der Tischchen glänzten speckig. Er sah Baumgardt, Guttmann, Heym, Loewenson und Hiller an ihrem Tisch. Er setzte sich dazu, achtete kaum auf das Gespräch, das sie führten. Nach geraumer Zeit erst hörte er zu, als gerade Guttmann über das Starre und Krampfhafte der Form eines Gedichts von Loewenson sprach. Ihm, Guttmann, scheine einzig interessant, daß die Form hier etwas verborgen halte, den Inhalt, der vielleicht möglich gewesen wäre, verdränge. Ja, das Gedicht diene der Verdrängung und Verschiebung. Loewenson wehrte sich nicht. Hiller polemisierte gegen Guttmanns Ansicht. Es gehe doch gar nicht mehr um Literatur, um die Schöpfung und Durchsetzung eines neuen Stils, um die literarische Bewegung. Guttmann habe diese platte Vorstellung, jedes Magenleiden sei das Ergebnis einer Verdrängung und deren Aufhebung zugleich eine wunderbare Heilung: »Da brauchen wir den Text nicht mehr. Da können wir lieber nach Wien fahren und hernach Aufsätze schreiben zum Beispiel zum Thema ›Störungen der frühkindlichen Sexualentwicklung und die Verwendung des Jambus‹ oder ›Der Reim und der Vater‹. Ein ausgemachter Unsinn. Unerträglich diese Vorstellung vom ewigen Rockzipfel der Frühkindlichkeit. Ich rede über Literatur und nicht über Seelenreinigung.«

Guttmann verteidigte sich schwach. Natürlich sei die Poesie weiterhin gültig. Das, was er meine, erweitere sogar ihre Gültigkeit, ihre Bedeutung.

Von Anfang an war Hoddis wütend. Schließlich mischte er sich ein, wies aufgebracht sowohl die eine als auch die andere Auffassung zurück. Der Begriff der Verdrängung sei nichts als eine neue Vernunftfloskel. Da suche das Ich sich tückisch einen neuen Ausweg. »Läßt sich dann fein interpretieren, wird logisch alles bloßgelegt. Alle sind mächtig schlau. Und was bleibt?« Hoddis schlug mit der Faust auf den Tisch: »Unter der glatten Rationalität bleibt der Untergrund verborgen. Genau das. Und nun zu dir, Hiller, zu deiner Überschätzung des Stilistischen. Was ist, wenn einer stillos, wenn einer ohne Programm sein will? Was soll mir irgendein Stil, eine literarische Bewegung? Es gibt Leute, die sind tief bedroht und sehen hin, sprechen leidenschaftlich und zittern um Ausdruck. Es gibt Verse, die spotten jeder Beschreibung. Sonst nichts. Schluß für mich mit diesem Reden.«

Hoddis wandte sich heftig ab von den anderen, blickte auf die Wand. Er rauchte, trank seinen Kaffee, und während die Freunde das Gespräch fortsetzten, erhob er sich von seinem Stuhl und ging. Baumgardt schaute ihm nach. Als Hoddis die Tür öffnete, trafen sich ihre Blicke.

Ohne an ein Ziel zu denken, trieb Hoddis durch die Stadt. Die Lampenlichter in den Straßenschluchten.

Autos ratterten über den Asphalt. Beim Potsdamer Platz kurvte noch eine Tram. In stilleren Straßen hörte Hoddis den Flug der Fledermäuse. Angespanntes, erregtes Vibrieren im Leib trieb ihn voran. Der Gedanke an die Gespräche peinigte ihn. Leer fühlte sich der Kopf. Das machte ihn taub für alles rundum. Mehrfach hatte er Standorte von Straßenmädchen gestreift, wieder eilte er einem entgegen. Seine Schritte verlangsamten sich. Fast wankte er voran. Das rasende Vibrieren nahm zu. In einem Hauseingang stand, an die Mauerecke gelehnt, eine große, schlanke Frau. »He, Kleiner, du schleichst so rum. Lauf nicht weg, komm mit – hoch in mein Zimmer. Macht Spaß, bestimmt.« Hoddis erstarrte, schaute scheu zu ihr auf. Sie lächelte, sah ihm offen ins Gesicht und sagte nichts weiter. Die Beine zitterten ihm. Ihr Haar glänzte dunkel und matt. Sie war schön. Er spürte, daß sie schön war. Während sie ihm noch einmal zunickte, drehte er sich langsam zur Seite, löste sich von ihrer Nähe, neigte den Kopf zu einer kleinen Verbeugung und verließ hastig den Ort. Die Wolken über der Stadt brachen auf, zerstreuten sich: Sternenhimmel. Vorantrabend schaute Hoddis auf. Wieder aufs Straßenpflaster starrend murmelte er: »Scheinbar –, das Funkeln, das Gewölbe, – alles nur scheinbar, nichts davon können wir hier verstehen, und nichts davon haben wir hier gemacht. Alles wohltuend weit entzogen.« Nach einer kurzen Unterbrechung fügte er hinzu und sprach dabei im Rhythmus seiner Gangart: »Zermalmer-Schrittes schreit ich durch die Gärten, Zermalmer-Schrittes schreit ich...«

Als er erneut in die Nähe des Cafés geriet, traf er Baumgardt, der am Fahrdamm stand. Sie begrüßten sich und gingen gemeinsam weiter. Ihr Wortwechsel blieb für lange Zeit karg. Sie wanderten endlose Häuserzeilen entlang, wußten schon nicht mehr, in welchem Viertel der Stadt sie sich gerade befanden. Dunkelblau der Nachthimmel über ihnen. Mauervorsprünge, Schornsteine, Dächer fügten schattenhafte Figuren. Der Verkehr auf den Fahrdämmen hatte ganz aufgehört, auch Fußgänger begegneten ihnen nicht mehr. Es war still rundum.

Baumgardt erwähnte zögernd das Gespräch im Café, sagte, daß ihm im Grunde die von Hoddis geäußerte Auffassung sehr vertraut sei.

Als hätte er auf diesen Hinweis gewartet, stieß Hoddis hervor: »Es wird zuviel über Dichtung geredet, Baumgardt.«

»Du meinst, dieses Sprechen ist vom Kern schon zu weit entfernt?« fragte Baumgardt.

»Es ist leer und hat mit einem Gedicht, dem Augenblick, in dem es entsteht, nichts zu tun«, erwiderte Hoddis.

Baumgardt: »Dann schreib es auf, ich meine, schreib das Gedicht, das du meinst.«

Hoddis nickte: »Zum Beispiel, aber wo, wo finde ich Ruhe?«

Baumgardt ermutigte ihn: »Vielleicht jetzt, in der Nacht, hier in den Straßen. Schau dir das an, Hoddis, da taucht das erste Licht der Dämmerung auf.«

Hoddis: »Das stimmt, hier ist Ruhe. Der Himmel da oben, meine Güte. Und die Umrisse der Häuser. Darunter schlafen all die Leute, schlafen oder, was weiß ich, liegen ausgestreckt da und warten und wissen es nicht. Nur wenige Meter von ihnen entfernt schleichen Katzen um ihre Köpfe, Fledermäuse umschwirren sie, Träume steigen auf. Sie wissen all das jetzt nicht. Sie liegen ausgestreckt da. Das ist ungeheuerlich.« Baumgardt und Hoddis waren stehengeblieben und lachten in die leeren Straßen hinaus.

»Ich weiß nicht, was es ist, Baumgardt, was treibt uns eigentlich? Dichter? Bloß, weil ich Worte suche, die nicht alt und brüchig sind? Oder hat es mit Verdrängung zu tun?«

»Du bist nah dran, Hoddis. Heraufholen, was uns vor uns selbst verbirgt.«

»Das klingt sehr nach Programm. Mir ist immer programmlos zumute.«

Baumgardt lachte: »Warum nicht? Auch das kann die Suche nur fördern. Schreib das Gedicht!«

Morgenlicht stieg auf. Immer noch zwischen Häuserzeilen, entlang Mietskasernen, waren sie im Nordosten der Stadt angelangt. Menschen traten auf die Straße und eilten an ihnen vorbei. Motorengeräusche, Schritte, Stimmen, Türenschlagen. Hoddis und Baumgardt standen da und staunten. Für einen Augenblick war's ihnen wohl. Und dann verabschiedeten sie sich und liefen auseinander.

Nachdem Hoddis einige Zeit gegangen war, den Blick wieder auf das Pflaster gerichtet, setzte er sich auf eine Mauer, zog seine Kladde aus der Rocktasche und schrieb:

»Ein starker Wind sprang empor.« Er schrieb, strich aus, sprach das Geschriebene laut vor sich hin, horchte, prüfte, überschrieb das Vorherige, sprach es erneut: »Im bleichen Licht. Wild von der Nacht«, las er sich vor, schloß die Augen, sah die folgenden Bilder und seine Hand fuhr Wort für Wort rasch und geläufig über das Blatt. Als die Verse ihm gemeinsam ein Ganzes waren, schloß er die Kladde, sprang auf und schritt voran – zu Meidner jetzt, nach Wilmersdorf.

Hoddis stieg die Treppen hinauf, vorbei an den Wohnungstüren von Rechtsanwälten und Ärzten, hoch zum Dachstuhl. Er klopfte an die rohe Holztür der Bodenkammer. Meidner war gerade aufgewacht. Noch im Hemd und ganz verschlafen stand er zwergenhaft im Zimmer. Es stank nach kalter Asche, nach Alkohol, Hering und Krankheit. An der Wand bemerkte Hoddis Zeichnungen wie Kindergekritzel, verrückte Figuren aus flüchtigen Strichen. Er starrte auf diese drohenden Fratzen, drehte sich dann ruckartig zu Meidner. Der grinste und begrüßte erst jetzt den frühen Besucher: »Wieder in der Nacht unterwegs, Hoddis? Wollen wir frühstücken? Kaffee hab ich da.«

Meidner stellte den Kessel auf die Gasflamme. Hoddis setzte sich. Weiß schien die Morgensonne durchs Dachfenster auf die grobe Maserung der Tischplatte. Bei der zweiten Tasse Kaffee zog Hoddis seine Kladde hervor. Meidner nickte ihm zu: »Lies, was du geschrieben hast!« Sie hörten den Wind in den Blättern der Linde vorm Haus. Meidner, der Maler, würde die Bilder des Gedichtes wirklich sehen. Hoddis las:

»Morgens
Ein starker Wind sprang empor.
Öffnet des eisernen Himmels blutende Tore.
Schlägt an die Türme.
Hellklingend laut geschmeidig über die eherne Ebene der
Stadt.
Die Morgensonne rußig. Auf Dämmen donnern Züge.
Durch Wolken pflügen goldene Engelflügel.
Starker Wind über der bleichen Stadt.
Dampfer und Kräne erwachen am schmutzig fließenden Strom.
Verdrossen klopfen die Glocken am verwitterten Dom.
Viele Weiber siehst du und Mädchen zur Arbeit gehen.
Im bleichen Licht. Wild von der Nacht. Ihre Röcke wehn.
Glieder zur Liebe geschaffen.
Hin zur Maschine und mürrischem Mühn.
Sieh in das zärtliche Licht.
In der Bäume zärtliches Grün.
Horch! Die Spatzen schrein.
Und draußen auf wilderen Feldern
singen Lerchen.«

Meidner bat Hoddis, das Gedicht noch einmal zu lesen, warf dann selber einen Blick auf das Blatt und sagte: »Hoddis, du hast ein gutes Gedicht geschrieben. Versteck es nicht in deiner Kladde. Bring es zu Pfemfert. Noch ist nicht Redaktionsschluß für die Ausgabe dieser Woche.«

Hoddis hatte die Nassauische Straße, das Hinterhaus, Pfemfert am Schreibtisch, das Titelblatt der »Aktion« schon vor Augen. Dahin gehörte das Gedicht. »Das ist wahr. Ich werde zu Pfemfert gehen. Der kennt das Handwerk. Ich werde mich in Zukunft auch an seinen Autorenabenden beteiligen. Verstehst du, diese Gespräche während der Treffen mit den Freunden vom Neuen Club – das wird mir öde, das will ich nicht mehr. Wir trampeln eifernd und schulterklopfend wild auf der Stelle herum. Etwas Dumpfes ist da. Etwas, das zuviel fragt und zuviel antwortet, anklagt und trauert.«

Einen Augenblick später fügte Hoddis entschiedener und gelöster hinzu: »Ach was – mich soll es nicht dumpf werden lassen. Es wird andere Wege geben.«

Sie tranken eine weitere Tasse Kaffee und folgten dem Spiel des hellen Morgenlichts auf der Maserung des Tisches.

Doris Davidsohn,
Erinnerungen einer deutschen Jüdin, 1919

Mein ältester, literarisch begabter Sohn brachte mir die Bekanntschaft eines Kreises begabter junger Menschen, deren Haltlosigkeit, Trostlosigkeit, Hoffnungslosigkeit mich erschütterte. Freundschaftsverhältnisse mit Christen zeigten immer wieder ihre Brüchigkeit. Und so kam von dem Kreise, den mein Zionist gewordener zweiter Sohn mir ins Haus brachte, Hoffnung und Trost. Das waren andere

Menschen, erfüllt von idealem Streben und Willen zur Tat, nicht losgelöste Atome, sondern mit freiem Entschluß gebunden an den Zusammenhang, in den Natur und Geschichte sie gestellt hatte. Und so erkannte ich, daß zu einer vollkommenen menschlichen Entwicklung das selbstverständliche Solidaritätsgefühl zu Familie und Volkstum gehört; nicht als etwas, das man sich erst angewöhnen und den anderen abtrotzen muß, sondern das von Natur und Geschichte gewollte, durch Erkenntnis zum Persönlichen gewordene. – Auch diese Ideenwelt war so allmählich in mich eingedrungen, daß es mir nicht möglich ist anzugeben, wie und wann ich mir bewußt wurde, Zionistin zu sein.

Aus den Krankenakten der Privatheilanstalt »Waldhaus«, Nicolassee bei Berlin, 1.11.1912

Nach der Mutter, Frau Sanitätsrat D., Charlottenburg, Roscherstraße 5:

Pat. ging nach München, Mitte Febr. d.J., um sich dort eine literarische Stellung zu schaffen. Hier geriet er in einen mystisch-katholischen Kreis hinein, gewann ähnliche Neigungen. Pat. schrieb schon sehr wenig an die Mutter, schrieb nur alle 4 Wochen eine Karte um Geld. Juli blieb eine Nachricht aus. Damals benahm er sich einem Onkel gegenüber sehr auffällig. Er kam verhungert hin, dann blieb er die ganze Nacht sitzen, berührte nicht das Bett; dann verließ er ganz abrupt das Zimmer, wollte fortfahren. Dann kehrte er wieder zum Onkel, zeigte sich in Gesellschaft auffallend still, sprach nichts, rauchte viel. Auf eine Ermahnung des Onkels wurde er zu diesem furchtbar ausfallend, schrieb ihm einen seltsamen Brief, bot ihm

Ohrfeigen an. Überhaupt äußerte er immer, er würde jeden ohrfeigen. Pat. telephonierte oder telegraphierte fast täglich von München aus. Mitte August kehrte er zur Mutter zurück. Diese erfuhr, daß er in München zwei Wohnungen hatte. Pat. lief ganz zerlumpt herum, verbrauchte das Geld für alles andere, nicht für Anzüge und dergleichen.

Aus den Krankenakten der Privatheilanstalt »Waldhaus«, Nicolassee bei Berlin, 1.11.1912

Pat. schildert das ›traurige Milieu‹, in dem er aufgewachsen sei, es sei kein rechtes Verhältnis zwischen seinen Eltern gewesen. Seine Mutter habe ihn als ganz junges Kind schon mit dem sexuellen Problem bekannt gemacht und dabei eine Äußerung getan, die er so auffassen mußte, daß der sexuelle Verkehr zwischen Mutter und Sohn erwünscht sein müßte. Er hätte dagegen den normalen Verkehr für erwünscht bezeichnet, worauf seine Mutter gesagt habe, das mache den Frauen keinen Spaß. Der Vater sei hinzugekommen und habe mit der Mutter darüber gesprochen, dann habe er sich an ihn gewandt und gesagt: ›Wenn es deiner Mutter keinen Spaß macht, dann kann ich nichts dafür.‹ Er habe früher auf einem anderen sexuellen Standpunkt gestanden wie jetzt, auch viel Onanie getrieben, jetzt wisse er, daß durch Gebet die Sinnlichkeit überwunden werden könne. [...] Er erzählt dann mit zynischem Lachen, er habe seiner Mutter monatlich 50 Mark angeblich zur Befreiung seiner Sinnlichkeit entlockt. Freunde habe er nie recht gehabt, sondern nur Bekannte. In München, wo er zuletzt studiert habe, habe er zwei seiner Freunde geohrfeigt, mit der Polizei sei er nicht zusammengeraten. Im Juni dieses Jahres (1912) habe er sich täglich Ätherräusche beigebracht. Er habe immer sehr viel geraucht, mitunter 10 Zigarren und 40–50 Zigaretten am Tag. [...] Auf Wunsch seiner Angehörigen sei er ins Sanatorium nach Wolbeck bei Münster gegangen, dort sei es ihm aber zu öde geworden und da sei er nach Berlin gefahren, er habe sich nach dem Großstadtleben gesehnt.

In Berlin hielt er es nicht aus. Der bloße Anblick seiner Freunde reizte ihn zur Wut. Ihr Streit um den originellsten Ton beunruhigte ihn. Er wußte nicht mehr, ob sie klug oder philiströs, wahrhaftig oder eitel waren. Ihm schien, er würde sie eigentlich nicht kennen. Die Nähe seiner Familie peinigte ihn. Die Mutter gab unaufhörlich vor, alles so fabelhaft zu verstehen. Sie schwärmte von den Gedichten der Freunde. Aber was verstand sie davon? Hatte sie seine Gedichte überhaupt bemerkt? War sie doch begeistert von der Tatkraft und der Entschlossenheit des jüngeren Bruders. Das hielt sie ihm bei jeder Gelegenheit vor – »der würd es schon schaffen.« Was wollte sie von ihm? Der Sohn als Dichter, ohne Umschweife fertig und berühmt? Sie verstand alles, wollte alles, beeinflußte alles und hintertrieb alles. Er wollte sie nicht mehr sehen, wollte ihr nicht mehr schreiben, wollte weg.

Er war froh, durch die Straßen Münchens zu wandern, vorbei am Café Simpl, am Bild der Bulldogge mit dem Korken einer Sektflasche zwischen den Zähnen. Auf dem Gehweg spielten Kinder. Sie saßen im Kreis.

Eines hockte in der Mitte und hielt sich die Augen zu. Nur einige Meter entfernt, durch Vorgarten, Mauer und Fensterscheibe und Tür von den Kindern getrennt, wußte er an den Tischen im vorderen Raum des Cafés die Künstler, Literaten und Anarchisten vertieft ins Reden über Gedichte und Revolution. Hoddis lachte laut heraus. Die Kinder waren ganz still. Die weiße Mittagssonne stach ihm ins Gesicht. Er öffnete seinen Kragen und zog die Mütze tief über die Stirn. Die Kinder schauten ihn so merkwürdig an. Er schluckte, atmete schwer. Nur nicht zur Tür des Cafés, nur nicht die Kinder. Heraus aus diesem Licht. Er wandte sich ab und ging.

Er dachte an Emmy Hennings, sah ihre großen, traurigen, begeisterten Augen. Ganz erfüllt vom Glauben, wie berauscht, sprach sie gestikulierend über ihren Katholizismus. Das hatte ihn fortgetragen, hatte ihm Halt versprochen. Solides Ritual, tiefes Symbol, große einige Kirche, die Mutter Gottes, die Augen der Emmy Hennings. Nur wohin sollte einer denn immer nur laufen, um was dann zu finden? Aber jetzt ihr nicht begegnen, nur kein katholisches Gespräch.

Er wollte zu Lotte Pritzel. Er hastete voran. Er schwitzte. So sehr zog es ihn zu ihr, daß es ihm die Kehle zuschnürte, daß ihm übel wurde, daß er Angst hatte, zielstrebig den Weg zu Ihrer Wohnung einzuschlagen. Froh, sie zu kennen, zu wissen, daß sie ihn eingeladen hatte zu kommen, daß er womöglich einige Tage bei ihre würde wohnen können, war er doch ganz in Furcht. Seine Schritte verhaltener, seine Gangart unsicherer je näher er ihrer Wohnung kam. War sie überhaupt in der Stadt? War sie allein? Bei einer Arbeit? Würde er stören? Wollte sie ihn gar nicht sehen? Hatte schon lange alles zurückgenommen, war ihm nicht mehr gut? Er hoffte ja nur, bei ihr sitzen zu können, zuzuschauen, wie unter ihren Händen eines dieser Wachspuppenwesen entstand.

Er klopfte, horchte angestrengt. »Herein, nur herein«, tönte ihre klare Stimme hinaus zu ihm. Vorsichtig drückte er die Klinke, trat zögernd ein.

»Ach, Hoddis, wieder Flucht aus Berlin? Setz dich, leiste mir Gesellschaft.«

So stark erschien sie ihm, so offen und wachsam schaute sie ihn für einen Augenblick an. Er nahm Platz an ihrem Arbeitstisch beim Fenster. Sie saß, an die Wand gelehnt, ganz beiläufig, ruhend, und doch emsig, schon wieder vertieft in ihre Arbeit. Ihre Hände in gezielter Bewegung, die Finger schwebend über der wachsenden Puppengestalt.

Griffbereit lagen Pinsel, Spachtel, Holzstäbe, Papier, Späne, Perlen, Messer und bunte Stoffreste verstreut auf dem Tisch. An der Wand hingen Photographien und Zeichnungen, ein Kalender und ein Packen zusammengebundener Notizzettel. Lottes schwarzes dichtes Haar berührte knapp die Schultern, der Pony fiel bis zu den Brauen vollkommen gerade geschnitten über die Stirn. Ihr Gesicht war ganz dem Körper der Puppe zugewandt. Der formende Blick ihrer Augen, streng, vertieft in den Schwung der Hüfte, der Beine und Arme. Das Zucken ihrer fein geschwungenen kräftigen Lippen erschien wie flackerndes Lächeln. Oder flüsterte sie der Puppe etwas zu?

Hoddis starrte auf Lottes Hals. Sein Blick saugte sich fest am pulsierenden Flecken der Haut, ließ los und verschwamm. Nichts konnte Lotte ablenken. Ihre Lippen zuckten, spielten mit unhörbaren Lauten. Sie lächelte, sie flüsterte. Die Puppe hob graziös den rechten Arm, die Hand in erstaunlichem Schwung über dem Kopf. Den linken Arm hielt sie nach unten gestreckt, die Hand ruhig bei der Hüfte; das linke Bein behutsam zurückgestellt zum tanzenden Schritt. Die indische Tänzerin schwebte, fast schmerzhaft zart und zerbrechlich und doch in gleitender mutiger Bewegung.

Lotte Pritzels Blick ruhte auf der Gestalt. Ihre Finger strichen erneut über den Körper. »Eine Ärztin«, dachte Hoddis, »wie eine Ärztin, in ihrem weißen Arbeitskittel. Sie hält sich nicht mit der Wiederherstellung alter Körper auf. Sie schafft gleich neue«, dachte er, »und durch Berührungen und Blicke haucht sie ihnen Leben ein.«

So saßen sie bis zum frühen Abend. Hoddis machte Notizen in seiner Kladde, rauchte, schrieb einige Zeilen, schaute auf Lotte. Als sie sich zurücklehnte, sich reckte und ihn fragte: »Was hältst du von Kaffee und Kuchen?«, da wußte er für einen Augenblick nicht, wo er war. Er wandte sich zum Fenster, blickte flüchtig hinaus auf die Straße, sah huschende Gestalten, lange Schatten, das Abendlicht auf der gegenüberliegenden Hauswand. Lotte rief: »He, Hoddis, wach auf.«

Er schaute starr in ihr Gesicht. Sie lachte ihn an. Seine Hände griffen nach der Tischplatte, er stützte sich ab, wollte auf und hin zu ihr.

»Hoddis, was ist? Komm zu dir!«, Lotte lachte und schüttelte den Kopf.

Er stutzte, fiel zurück auf seinen Stuhl, ließ sein Kinn auf die Brust sinken und nickte: »Ja, Kaffee ist gut. Gerne. Danke.«

Bevor Lotte ging, um den Kessel aufzusetzen, fragte sie prüfend: »Ist dir jetzt wieder gut?«

»Ja, ja doch«, sagte Hoddis tief ausatmend, »ja, gewiß, mir war alles so fern, verstehst du? Mußte mich zurechtfinden hier.«

Lotte verschwand in der Küche. Er überflog die Zeilen in seiner Kladde. Während sie den Kuchen und Tassen auf den Tisch stellte, machte Hoddis hastig weitere Notizen. Dann setzte sie sich zu ihm, schaute auf sein Blatt: »Was hast du geschrieben?«

»Vielleicht werd ich es ›Indianisch Lied‹ nennen«, sagte Hoddis, »›Indianisch Lied‹ und ›Lotte Pritzel gewidmet‹. Es ist nur ein Teil, wohl der Schluß, der mir fehlt. Hat wenig Sinn ohne den Rest.«

»Lies es mir vor«, bat sie ihn, »ich bin immer neugierig auf das, was du geschrieben hast.«

Er schaute sie an, spürte ein feines Zittern im Bauch. Hoddis las:

»Mehr als zu sein und mehr als nicht zu sein!
Wer darf den Leib denn denken, den er liebt!
Wer darf vermessen durch die Wälder schrein,

Daß Gott ihm nie den Tag der Schönheit gibt?
Farbiger Rauch steigt auf aus den Städten der Qual,
Wo der weiße Bruder bedächtig die Tonpfeife raucht,
Die ein Feuer von Fieberträumen hingehaucht,
Fern am lauernden Horizont.«

Er schwieg, überschaute noch einmal die Zeilen, nahm mit beiden Händen seine Tasse, lehnte sich zurück und trank Schluck für Schluck den Kaffee. Lotte stützte ihr Kinn mit der rechten Faust, hielt den Kopf geneigt. Sie sah ihm offen ins Gesicht, musterte ihn.

Hoddis zweifelte: War sie wirklich in seiner Nähe? So nah! Unbegreiflich! Er lächelte.

Sie nickte ihm zu: »Meine Güte, Davidsohn, das ist schon merkwürdig. Du hantierst mit sonderbarem Material. Ich glaube, du bist so eine Art schwarzer Schelm. Wie machst du das? Auf einem glatten weißen Blatt, mit einigen Zeichen, so eine Welt entwerfen? Ist doch eine ganze Welt? Und das soll für mich sein? Wie soll ich das je verstehen?«

Hoddis wußte nichts weiter zu sagen, als daß das Gedicht ja noch gar nicht wirklich geschrieben sei. Noch erscheine ihm das alles ganz flüchtig. Er werde vorerst ins Café gehen. Bevor er sich verabschiedete, zeigte sie ihm seinen Schlafplatz im Nebenraum.

Im Simpl trank er Cognac, rauchte eine Zigarette nach der anderen und hörte den Gesprächen zu. Er hörte Wörter, denen er nicht traute, deren Klang ihm hohl und schmerzhaft in die Ohren drang. Jedes Wort öffnete in seinem Kopf einen Raum. Im Nachklang des

Wortes wuchs und schwoll der Raum, bis er zerplatzte und in sich zusammenfiel.

Hoddis schloß die Augen, neigte den Kopf, schüttelte sich. Als er die Augen wieder öffnete, sah er fremde grimassierende Gesichter. Die Wirtin gab Suppe aus. An allen Tischen wurde gegessen. Die Bewegungen der Menschen erschienen Hoddis ganz panisch und lächerlich. Quälend drangen Geräusche und Stimmengewirr in ihn ein. Er saß an einem kleinen runden Tisch im hinteren Raum des Cafés. Durch den Verbindungsgang fiel sein Blick in den vorderen Raum auf die rote Bulldogge, die auf dem Klavier zähnefletschend über allem thronte und drohte. Alles in ihm war bei Lotte Pritzel, bei der Vorstellung, sie mit einer Geste wirklich zu erreichen.

Als er in ihre Wohnung zurückkehrte, war Lottes Zimmer schon dunkel. Durch die geöffnete Tür konnte er in ihr Bett sehen. Unter dem fahlen Licht der Straßenbeleuchtung erkannte er ihr schlafendes Gesicht, scharf umrissen und schön in der Ruhe. Geduckt schlich er ins Nebenzimmer, legte sich auf die für ihn zurechtgerückten Matratzen, lag angekleidet und weit entfernt vom Schlaf. Bleiches Licht hing im Raum. Es war kalt. Er wollte weg. Wohin hätte er können? Ihm war, als würde irgendein Wort, ein erlösendes, tief in seinem Leibe stecken. Er lag wie gelähmt. Er starrte gegen die Decke. War denn keine Berührung möglich? War ihre Haut so weich und scheu? War seine Haut so rauh, die Kälte so spürbar? Vibration rieselte ihm vom Kopf durchs Mark in Bauch und Beine. Das Gefühl der zuckenden Härte seines Geschlechts schreckte ihn. Steif war sein Körper insgesamt, kalt und gespannt.

Nur nicht den Abstand verringern. Um Himmels Willen die Wärme ihrer Haut erreichen. Nur sie nicht verletzen. Wann endlich ihrem Körper begegnen? Näherte er sich schon?

Er stand zitternd in der Tür ihres Zimmers. Er sah ihr schlafendes Gesicht. Nur sie nicht stören. Wann endlich würde sie ihn sehen? Er hockte sich hin am Fußende ihres Bettes. Ein trockenes Weinen stockte ihm in der Kehle. Seine bebenden Knie jetzt auf ihrer Decke, sein Bauch in pulsierendem Aufruhr. Nur sie nicht wecken, nur keine Frage, nur den Arm nicht ausstrecken nach ihr. War sie nicht schon wach? Wartete sie vielleicht auf ihn? Das Licht, kalt, leichenhaft. Nichts tanzte, nichts war graziös. Nur sie nicht berühren. Nur nicht Nähe versuchen. Nicht enden in Ferne. Ferne ergab ein Echo im Kopf. Das hallte. In kalter Nacht über wüster Erde. Warm, das war seine Hand auf ihrer Schulter. Flüsterte ihren Namen. Finger leise auf ihrer Haut. Schreckte sie hoch. Schlagartig saß sie aufrecht und schaute ihm ins Gesicht. »Hoddis, was machst du?«, klang es streng. Er zuckte zurück. Sie faßte noch seine Hand und legte sie sanft an ihre Wange: »Hoddis, das ist nicht möglich. Ich weiß, Umarmung wäre eine Erholung. Aber sicher nicht mehr. Alles wäre zerstört, weißt du? Du könntest auch hier nicht mehr sein. Es quält dich. Und es quält mich. Wir dürfen uns nicht auseinandertreiben! Hoddis?«

Er sprang auf. In welcher Sprache sie zu ihm gesprochen hatte, wußte er nicht. Er wußte nicht und verstand doch. Tief im Leib steckte irgendein Wort. Das hallte im Kopf. Er stand stumm vor ihrem Bett. Er wollte sie nicht mehr sehen, dreht sich ruckartig zur Seite. Er wollte nicht mehr von ihr gesehen werden. »Hoddis«, rief Lotte verhalten, während er das Zimmer verließ. Er fiel verstockt und starr auf seine Matratzen.

Als Lotte erwachte, war Hoddis schon hinaus. Er saß im Café und rauchte, saß da, herausgefallen aus allem. Er stürzte Kaffee und Cognac in sich hinein, wußte nicht, wohin er mit sich sollte, schüttelte immer wieder den Kopf. Ganz besinnungslos, taub war sein Gefühl, weit entfernt von dem Körper, der am Tisch saß und wankte. Seine Hand berührte beim Absetzen der Tasse die Marmorplatte. Er erschrak und zuckte zurück. Emmy Hennings betrat den Raum. Sie bemerkte ihn sofort und sah, daß sie ihn trösten mußte. Sie setzte sich zu ihm und sprach über Katholizismus und Mythologie. Er schaute sie an und kannte sie nicht. Sie legte ihre Hand auf seinen Unterarm, saß bei ihm und schwieg.

Aus den Krankenakten der Privatheilanstalt »Waldhaus«, Nicolassee bei Berlin, 1.11.1912

Nach der Tante, Frau Laura Hentschel, Berlin, Regentenstr. 11:

Sohn hing zunächst sehr an der Mutter; jetzt haßt er die Mutter; früher haßte er den Vater; jetzt schimpft er auch über beide Eltern. Pat. verlangt sehr viel von seiner Mutter; er beschuldigt die Mutter, daß sie Steuern hinterziehe, falsche Angaben mache; sie sei reich und leugne dies. Krank seit einigen Monaten, schimpft über den Onkel und die Mutter. Pat. hatte sich verbummelt, gehörte der hypermodernen literarischen Gruppe an. Geschlechtskrank war Pat. vor 3 Jahren, ob Lues vorlag, nicht bekannt. Viel geraucht, auch getrunken. [...] Gestern äußerte er, der Arzt im Sanatorium hätte ein Pülverchen ihm gegeben, auf dem daraufstand: Holzmarktstraße. Pat. spricht in den unflätigsten Ausdrücken von der Verwandtschaft, sagt immer nur: Schweinebande, Saukerle.

Anna Nußbaum-Davidsohn, 8.3.1937
Aus einer Ansprache:
Später in der Holzmarktstraße erinnere ich mich an einen weiten grauen Hof in einer Mietskaserne, auf dem wir mit den Proletarierkindern spielten. Hinten war eine Federfabrik. Eine unendliche Reihe von Fenstern ging auf diesen Hof, und ich grübelte immer über das Leben dieser kleinbürgerlichen Familien hinter den geschlossenen Fenstern. Als Gegengewicht dazu ging seine Mutter jeden Tag ins Grüne. Wir liefen die weitesten Wege zu Fuß. Ich nehme an, daß es auch unangenehm war, mit fünf Kindern in die Pferdebahn zu steigen. Die Spree, die Parks, Treptow, den Tiergarten und den Grunewald, alles kannten wir genau. Später, wie wir schon dem Zug nach dem Westen zufolge, am Schöneberger Ufer wohnten, ging sie zu unserem Leidwesen mit uns bis nach Steglitz – drei Wannseebahnhaltestellen – um Freunde zu besuchen.

Aus den Krankenakten der Privatheilanstalt »Waldhaus«, Nicolassee bei Berlin, 1.11.1912

[... Die Mutter] hätte ihm vorgeschlagen, er solle ein Sanatorium aufsuchen. Einige Tage wußte man nicht, wo er war, dann ging er nach Wolbeck zu Dr. Lachmann. Zur Mutter äußerte er, man betrüge ihn. Er drohte mit dem Staatsanwalt, erklärte, die Mutter habe den Vater irrsinnig gemacht. Dann meinte er, er könne auf ein paar hundert Kilometer jemand ohrfeigen. Pat. überschätzte stets das Vermögen der Mutter, glaubte, der Rechtsanwalt oder Dr. Lachmann seien von der Mutter bestochen, um ihn zu betrügen, und in eine Anstalt zu bringen.

Pfemfert nickte, überschaute die Blätter auf seinem Schreibtisch, nahm eines auf, las vor sich hinmurmelnd, langsam, nickte: »Das machen wir. Prima, Hoddis, diese Gedichte für die nächste Ausgabe. Und der Autorenabend im November ist auch abgemacht. Weiteres sehen wir später.«

Hoddis reichte ihm die Hand: »Was sagten Sie, wie soll die Buchreihe heißen, der Rote Hahn?«

Pfemfert lächelte: »Zielstrebig sind sie, Hoddis, ja, ja, ›Der Rote Hahn‹ – Verlag der Aktion, genau daran dachte ich, und so soll das heißen. Den Titel Ihres Bandes haben Sie womöglich schon vor Augen?«

Hoddis verschränkte die Hände auf dem Rücken, tänzelte vor dem Schreibtisch auf und ab: »Wissen Sie, ich habe zu lange gewartet, auf Freunde, auf Zeitschriften, auf Geld, auf gesicherte Monatswechsel von der Familie, auf lauter philiströses Zeug. Mir reicht's. Jetzt komme ich.« Er war laut geworden, schnalzte abschließend mit der Zunge und schlug mit der flachen Hand auf den Tisch.

Pfemfert musterte ihn erstaunt: »Sicher, Hoddis, entscheiden Sie sich. Wir sind uns soweit einig.«

»Gewiß!«, rief Hoddis, winkte mit wegwerfender Handbewegung knapp zu Pfemfert hinüber und stürmte hinaus.

Allein auf der Straße lachte er. Mit federnden Schritten ging er schnell voran. »Diese Auftritte«, murmelte er, »hab das mächtig unter Kontrolle. Man muß schon wichtig sein. Albernes Gequassel. Paar Gedichte. Will mehr, einen Gedichtband, eine eigene Zeitschrift. Um mich sollen sich alle sammeln. Das Programm steht. Dafür muß Geld her«, sprach er im hastigen Gehen laut und wütend vor sich hin, »das Geld will ich haben. Sie hat es. Sie ist reich. Nur mir gibt sie es nicht.«

Völlig außer Atem erreichte er die Regentenstraße. Die Hausnummer hatte er vergessen. Die Villa, der große Garten. Laura Henschel, die Tante, die Bankierswitwe. Die hatte ihn immer unterstützt, warum nicht jetzt, da es um Gedichte ging. Hoddis hämmerte mit dem Klopfer gegen die Tür. Die Tante öffnete selbst. Hoddis stürmte in den Flur, trippelte hastig auf und ab, lief im Kreis, zuckte gelegentlich mit der rechten Schulter, neigte dazu den Kopf nach links und grummelte dumpfe Beschimpfungen: »Saukerle, die, gräßliche Schweinebande, wollen alles, alles mir nehmen, ach was, mir nichts geben, von nichts. Um die

Erbschaft wird sie mich prellen, die eigene Mutter im Bunde mit den Schwestern und Brüdern. Gegen mich ist sie in allem. Und tut so groß mit ihrem Verstehen. Ja, ja, so äußerlich, da versteht sie ununterbrochen alles und ist so maßlos gebildet. Kultur. Und den Sohn um die Erbschaft betrügen, feine Saubande, die...«

Immer noch die Hand am Türgriff rief die Tante streng: »Aber Hans, was ist denn geschehen, worauf schimpfst Du denn so?«

»Sie, diese, die behauptet, meine Mutter zu sein, sie betrügt mich. Sie versteht alles. Sie lobt sogar meine Gedichte. Und sie gibt mir nicht das notwendige Geld.«

»Hans, so laß uns das doch in Ruhe besprechen. Darum sind wir doch verabredet hier. Ich freue mich ja, daß du gekommen bist.«

Hoddis unterbrach abrupt die Runde, hielt knapp vor seiner Tante, spähte ihr scharf ins Gesicht: »Was willst du mit mir besprechen? Daß auch du alles verstehst? Sie ist gegen mich! Ich soll wie ein wohlhabender Mensch auftreten. Gedichte soll ich schreiben, die sie loben kann. Aber die Mittel dazu werden mir vorenthalten. Rumlaufen soll ich wie ein Schwein. Und Gedichte schreiben muß ich!«, schrie er, »und sie versteht alles! Verstehst du? Willst du das mit mir besprechen?«

»Beruhige dich, Hans, sieh doch, deine Mutter muß für die ganze Familie das Geld beisammenhalten, das...«

»So sagst du's selber, die ganze Familie steckt dahinter, seit ich in Wolbeck war, spätestens seit Wolbeck sind sie mir auf den Fersen! Saukerle! Schweinebande! Und du willst hier was in Ruhe besprechen, bei Kaffee und Kuchen ...?«

Die Tante unternahm einen weiteren Versuch: »Hans, du hast mich gründlich falsch verstanden. Nicht für die ganze Familie und gegen dich. Sie hat einfach ...«

»Ja, Tantchen, sie hat einfach ein ganz besonderes Geschick, und alle werden sich noch wundern. Ich werde mich über nichts mehr wundern. Ich werde nicht mehr warten. Ihr werdet euch wundern, wenn meine Gedichtbände fertig sind!«

Es klopfte. Hoddis starrte auf die Tür.

Die Tante nestelte verlegen an ihrer Bluse, strich mehrfach mit den Händen über ihren Rock, nickte Hoddis aufmunternd zu: »Junge, es wird schon gut werden.«

Dann öffnete sie. Da standen drei Herren. Sie grüßten kaum und traten ohne Zögern ein. Sofort erkannte Hoddis die Arzttasche in der Hand des einen. Die beiden anderen – Pfleger? Hoddis wich einige Schritte zurück: »Du hast mich belogen. Nichts wolltest du mit mir besprechen«, brüllte er die Tante an. Die schwieg und wandte sich ab. Hoddis rannte mit dem Kopf gegen die Wand. »Eine Falle habt ihr mir gestellt.« Er taumelte. Er schwankte. Die Pfleger ergriffen ihn. Er versuchte, sich loszureißen. Sie hielten ihn nur um so fester. Er stampfte mit den Füßen und schlug seinen

Kopf gegen die Schulter des einen. So bemerkte er nicht, daß der Arzt eine Injektion vorbereitete. Die Pfleger packten ihn hart. Hoddis verzog das Gesicht.

Als sie ihn aus dem Haus führten, sagte er nichts. Der Kopf schmerzte. Er starrte vor sich hin. Er bemerkte nicht, daß sie ihn nach Nikolassee brachten. Man erwartete ihn in der Nervenheilanstalt »Waldhaus«.

Aus den Krankenakten der Privatheilanstalt »Waldhaus«, Nicolassee bei Berlin, 31.10.1912

Da Pat. bei der Abholung aus der Regentenstr. sehr erregt und aggressiv wurde und sich weigerte, nach der Anstalt zu kommen, mußte er 0,001 Hyposin erhalten und wurde dann hierher gebracht. Er schlief bald ein und war am Nachmittag äußerlich ruhig und mitteilsam.

1.11.1912

Hat nachts ziemlich gut geschlafen. Zeigt sich bei der Untersuchung entgegenkommender, ist jedoch sehr sprunghaft in seinen Erzählungen, unterbricht sich selbst öfter, führt oft den Gedankengang nicht zu Ende. Der Ton wird oft überhebend und gereizt, die Aussprache ist manieriert, jede Silbe betonend. Während des Sprechens grimassiert er, fletscht die Zähne, zieht den Mund schief, reißt die Augen auf und zieht die Stirn in Falten. Er springt öfter auf, läuft umher, die Hände zittern stark. Auf Befragen erzählt er, er sei mit einem Zwillingsbruder geboren, habe im Alter von 4 Jahren Typhus gehabt, sonst keine besonderen Krankheiten durchgemacht. ›Als Arzt wird es Sie interessieren, daß ich im Alter von 6 Jahren an Krampfanfällen und Wutanfällen gelitten habe.‹

Hoddis lief im Flur der Station auf und ab, blieb ruckartig stehen, schlug mit dem Fuß gegen die hohe glasscheibenbestückte Tür.

Ein Pfleger erschien und forderte ihn barsch auf, solche Tölpeleien zu unterlassen. Hoddis musterte den hochgewachsenen kräftigen Mann, hob den rechten Arm, holte aus, ließ den Arm durch die Luft sausen, bremste die Hand knapp unterm Kinn des Pflegers ab. Der verzog keine Miene. Hoddis lächelte ihn herausfordernd an und umkreiste den Pfleger mit tänzelnden Schritten. Dazu sprach er im Singsangton: »Lassen Sie doch Ihre Tölpeleien. Lassen Sie's doch, Herr Pfleger. Haben wir schon die Fingernägel geschnitten, die Suppe gelöffelt, sind wir schon recht ausgewachsen?«

Andere Patienten hatten sich, durch den Auftritt angelockt, vorsichtig genähert. Ein hagerer Grauhaariger kicherte und klatschte in die Hände.

Hoddis unterbrach seinen Singsang, stand still, schaute dem Pfleger ernst ins Gesicht: »Besorgen Sie mir Bücher von Kant, Immanuel. Ich ziehe mich jetzt zurück. Entschuldigen Sie vielmals.« Er zog die Mütze, trat einen Schritt beiseite und verneigte sich tief.

Der Pfleger machte mit einer knappen Handbewegung klar, daß alle unverzüglich zu verschwinden hätten. Er selbst zog sich ins Stationszimmer zurück.

Hoddis ging in den Eßraum, verharrte bei einem der Fenster, schaute hinunter auf den Park. Spätnachmittagslicht, herbstlich, fahl. Sein Blick tastete den Drahtzaun ab und versenkte sich dann in die Kronengestalten der Kiefern. Langbeinige, im Stehen ruhende Tiere, denen der Wind durchs Fell fuhr, die vor lauter Stille den nächsten Schritt nicht taten. Hoddis ließ sich auf einen Stuhl fallen. Er starrte gegen die hohe weiße Wand, rauchte hastig eine Zigarette, sog den Rauch tief ein und stieß ihn laut pustend in den stillen Raum.

Während er ein Zigarettenpapier glattstrich, um darauf schreiben zu können, bemerkte er auf dem Tisch ein zerfleddertes dunkelgrünes Buch. Der Titel »Der gute Ton« stach Hoddis graublau ins Auge. Er schlug auf, blätterte, las: »Schwing deine Arme beim Gehen nicht wie zwei Perpendikel hin und her. Den einen Arm laß ruhig herabhängen, den anderen trage in leichtem Winkel gebogen. ... Vermeide alle auffallenden Bewegungen mit den Armen und fahre mit ihnen nicht in der Luft herum.« Hoddis kicherte, las weiter: »Die Hände mit Anstand unbeschäftigt zu halten, ist keine leichte Sache. ... Drehe keine Quasten von der Tischdecke ab, schnitze mit deinem Messer nicht an den Möbeln herum, balanciere die Aschenschale nicht mit den Fingern, zerpflücke die Blumen nicht, die du in der Hand trägst.« Hoddis kicherte, lachte schrill, prustete vor Lachen, blätterte: »Um alles kümmert sich die Welt, selbst darum, wie dein Schatten fällt.« Er stutzte, »grausam wahr«, brummte er, »das haben sie vor, diese hysterischen Philister, diese Schattenjäger, diese Schweinehunde. Sie wollen alles, alles wegmachen, selbst den Schatten wollen sie mir beschneiden.« Er blätterte weiter: »Und hier, was steht hier? ›Was vermeide ich beim Sprechen ... Sprich richtig... Gib als Berliner acht auf deine ›mir‹ und ›mich‹. Vermeide das Einflicken des rheinländischen ›als‹, des preußischen ›man‹, des österreichischen ›halt‹. – Sprich nicht immer in Superlativen. – Heißt es: ›Schreib, wie du sprichst‹, so muß es mit demselben Rechte heißen: ›Sprich, wie du schreibst‹.« Hoddis schlug das Buch zu: »Sie wollen alles, die erzogenen Hysteriker; sie wollen mich stumm«, sagte er laut gegen die Wand, so daß es widerhallte und er sich vor seiner eigenen Stimme erschrak. Leise fügte er hinzu: »Sprich, wie du schreibst – eine hirnverbrennende Gemeinheit. Sprich, wie du siehst; schreib, wie du lebst; sprich, wie du schreibst; leb, wie du schreibst – genau deshalb bin ich doch hier. « Er wischte das Buch vom Tisch und stand mühsam auf. Im Eßraum war es dunkel geworden. Hoddis wanderte im Flur der Station auf und ab.

Berlin, 4.11.1912

Lieber Herr Kronfeld!

Wir, einige Freunde des Dichters Hans Davidsohn, wenden uns mit einer dringenden Bitte an Sie, den Psychiater. Wir vertrauen Ihnen, da Herr David Baumgardt uns von Ihnen, von Ihrer Arbeit, von Ihrem starken Interesse an der neuesten Literatur berichtet hat. Auch Baumgardt gehört zu Davidsohns Freunden, und er hat empfohlen, an Sie zu schreiben.

Sicher kennen Sie Hans Davidsohns Gedichte, die unter dem Namen Jakob van Hoddis in der »Aktion« erschienen sind. Herr Davidsohn wurde interniert, unter Anwendung von Gewalt in die Nervenheilanstalt »Waldhaus« gebracht. Er wurde im Hause seiner Tante, zu der er eigentlich Vertrauen hatte, von einem Arzt und zwei Pflegern überrascht und ergriffen.

Er hat uns in den Wochen zuvor durch Briefe und in Gesprächen Erbschaftsstreitigkeiten in der Familie angedeutet. Er sah sich selbst in der Lage des Betrogenen und Verfolgten. Wir wollten und konnten seinen Äußerungen nie so recht glauben, denn wir kannten seine Mutter als eine verständige und darüber hinaus als eine geradezu literaturbegeisterte Frau. Nun haben sich Davidsohns Befürchtungen auf erschreckende Weise bestätigt. Und auch wir sehen klarer.

Natürlich war uns aufgefallen, daß unser Freund Hoddis unter starken Stimmungsumschwüngen und gelegentlichen Depressionsperioden litt. Er kapselte sich ab, versteckte sich, verkleidete sich manchmal auf groteske Art. Er litt an seiner Familie.

Er litt an seiner Liebe zu einer Künstlerin in München. Wir mußten uns in dieser Zeit sehr um ihn kümmern, da er durch einige Ätherräusche in einen besonders konfusen Zustand geriet. Er war zeitweilig auch im Umgang mit uns äußerst heftig, ja, er verstieß seine Freunde.

Aber das alles hat uns nie dazu veranlaßt, ihn für geisteskrank zu halten. Vielmehr wissen wir, daß seine Gedichte von äußerster und bedeutsamer Intensität sind, daß seine Kritik auch an dem, was seine Freunde tun, ernstzunehmen ist. Darf ich so zusammenfassen: Wir weigern uns, uns die Bedeutung unseres Freundes durch diese Internierung rauben zu lassen. Wir betrachten die Tatsache, daß man ihn zum Geisteskranken umdeuten will, als Angriff gegen all das, wofür wir gemeinsam einstehen.

Ganz in diesem Sinne wird der Verleger Franz Pfemfert Anfang Dezember die gewaltsame Internierung unseres Freundes in der »Aktion« öffentlich anzeigen. Da Frau Davidsohn uns erfolgreich von ihrem Sohn fernhalten läßt, da wir also keine andere Möglichkeit der Einwirkung auf die entstandene Situation sehen, unterstützen wir diesen Schritt. In unserer Ratlosigkeit stellt sich uns die Frage: Sind denn die, die sich ein wenig außerhalb der vorgezeichneten Lebensbahn bewegen, tatsächlich schon für vogelfrei erklärt? Kann man sie einfach verschleppen, verstecken und zur Nichtexistenz erklären?

Nach allem, was Baumgardt uns von Ihnen berichtete, in unserer ganzen Ratlosigkeit bitten wir nun Sie, Hans Davidsohn als Arzt und Freund beizustehen. Können Sie ihn besuchen? Können Sie durch einen direkten Kontakt zu ihm klären, ob er tatsächlich behandelt werden muß, – wenn ja, ob seine augenblickliche Unterbringung eine angemessene Behandlung gewährleistet? Wenn das nicht so ist, und wenn er auch gar nicht behandelt werden muß, sehen Sie dann einen Weg, die Internierung zu beenden? Wie müßte Ihr Kontakt zu ihm vorbereitet werden? Sollten wir uns deswegen doch mit der Mutter in Verbindung setzen?

Wir sind zu jeder Unterstützung bereit. Herr David Baumgardt, der jetzt wieder in Heidelberg studiert, wird sich persönlich an Sie wenden. Er kennt diesen Brief, und Sie könnten das weitere Vorgehen mit ihm besprechen. Eine entgegenkommende Antwort von Ihnen erhoffen wir.

Herzliche Grüße
Ihr Loewenson

Anna Nußbaum-Davidsohn, 1968

Die Darstellung von Erwin Loewenson über die Überführung in eine Nervenheilanstalt, die als Zwangsmaßnahme geschildert wird, löst sich von selbst auf, da gleichzeitig beschrieben wird, wie sehr meine Mutter auf ihren ältesten Sohn stolz war und wieviel Verständnis sie für ihn hatte. Loewenson schildert ja auch seinen Besuch bei ihm, von dem er Einzelheiten bringt, die seine geistige Unordnung erkennen lassen.

Wir waren nie vermögend. Mein Vater war Arzt und kam später als Verdiener kaum mehr in Betracht; er war viel krank und ist mit 67 Jahren gestorben. Von einem Erbteil, das man van Hoddis vorenthalten hat, konnte keine Rede sein.

Franz Pfemfert, Gewaltsam ins Irrenhaus, Die Aktion, 11.12.1912

Unter diesem Titel beginne ich demnächst, eine Artikelreihe von Jakob van Hoddis zu veröffentlichen, die wohl geeignet sein wird, die Vogelfreiheit des deutschen Staatsbürgers zu zeigen.

Jakob van Hoddis, ein ungemein geistiger Mensch, den die Leser der AKTION als Essayisten und Lyriker kennen (in Nr. 46 veröffentlichte ich von ihm das letzte Gedicht), Jakob van Hoddis wurde vor ungefähr fünf Wochen, am Morgen nach einer stundenlangen Redaktionskonferenz, die er mit mir hatte, von einem Arzt und zwei Helfern in seiner Wohnung heimgesucht, gepackt, mittels einer Einspritzung widerstandsunfähig gemacht und in eine Anstalt bei Nikolassee gesperrt. Die Internierung erfolgte auf Veranlassung seiner Angehörigen, mit denen er in Erbschaftsstreitigkeiten lebt.

Briefliche Nachrichten, die er mir zu senden suchte, sind nie an meine Adresse gelangt: Jakob van Hoddis hatte aufgehört zu existieren, bis er dann die Gefahr eines Todessturzes geringer schätzte als den geistigen Tod unter unheilbaren Geisteskranken und sich rettete [...]

Kronfeld wartete vor der Stationstür. Er trat von einem Bein auf das andere, ging auf und ab, blieb stehen, verschränkte die Arme. Wie sollte er das hier beginnen? Er kam als Psychiater. So war er bei Dr. Nawratzki angemeldet. Er kam als Psychiater und Freund der Freunde. So war er bei Frau Davidsohn eingeführt. Alle hatten ihm diffuse Aufträge erteilt. Aber die

Hauptperson hatte ja offenbar überhaupt nicht nach ihm verlangt. Als was würde also Hoddis ihn sehen? Mögliche Eröffnungen des Gesprächs hatte er im Kopf hin und her gewendet. Als endlich ein Pfleger die Tür öffnete, waren dem Besucher alle Vorbereitungen entglitten. Kronfeld reichte Hoddis die Hand. Der betrachtete ihn stumm, gab durch flüchtige Kopfbewegung ein Zeichen zum Gehen. Kronfeld folgte ihm in den Eßraum.

An einem Tisch direkt unter einem der Fenster rückte Hoddis zwei Stühle zurecht. Kronfeld faltete die Hände, stützte sich mit den Unterarmen auf die Tischkante. Er reckte den Hals, spähte hinaus in den Park, schaute auf Hoddis, versuchte, dieser bewegungslosen Miene standzuhalten.

Hoddis musterte ihn: »Was wollen Sie?«

Kronfeld räusperte sich: »Mir ist schon klar, daß Sie mich nicht gerufen haben. Ihr Freund Loewenson schrieb mir einen Brief, hat mir Ihre Lage geschildert. Kurz: Ihre Freunde baten mich, Sie zu besuchen, mit ihnen zu sprechen, etwas gegen Ihre Unterbringung hier zu unternehmen.«

Ein älterer Patient zog schlurfend über den Gang vorm Eßraum. Auf und ab. Gerade erschien er wieder in der Türöffnung und blickte neugierig auf die beiden am Tisch.

Hoddis wandte sich ab: »Freunde? Ich hatte Bekannte.«

Kronfeld: »Ich kann mir gut vorstellen, daß die Situation, in der wir hier sprechen, für Sie von vornherein entwürdigend ist.« Hoddis schaute ihn aufmerksam an, preßte die Lippen zusammen: »Was wollen Sie?«

Kronfeld entschloß sich zur Sachlichkeit: »Gut, lassen Sie uns versuchen, die gegebene Lage, Ihre Schwierigkeiten zu verstehen und Möglichkeiten, Auswege zu erwägen.«

Hoddis: »Meine Lage ist die, daß eine Betrügerbande mich hierherschleppen ließ, und daß der Dr. Nawratzki im Auftrage derselben Bande mich dauernd hypnotisieren will. Aber das wird ihm nicht gelingen.«

Kronfeld nickte: »Das scheint mir ganz so zu sein. Wie sollte er jemanden hypnotisieren können, der solche Gedichte, solche ironischen entlarvenden Verse schreibt wie Sie.«

Hoddis: »Das Lob eines Psychiaters an diesem Tisch ist schon grotesk. Einen Vers wert. Sie sind ja ein Schelm, scheint mir. Sie haben vielleicht wirklich Auswege parat. Eine Weltanschauung womöglich? Oder sprechen wir gleich über Religion und das ordentliche Leben?«

»Halt«, unterbrach Kronfeld, »nicht so, ich bin weder zum Spaß noch zur Beschimpfung hier. Mag sein, meine Bemerkung war plump. Die Frage ist – wollen Sie sich und mich jetzt ernst nehmen? Wenn ja, dann kommen wir jetzt zum Betrug und zu seiner Bekämpfung. Was hat Sie hierhergebracht?«

Hoddis: »Eine Verschwörung, die fortgesetzt wirkt. Hysterische Anfälle ängstlicher Menschen. So wie ich Loewenson kenne, wird er Ihnen die Einzelheiten schon im Brief mitgeteilt haben.«

Kronfeld: »Ich muß Sie nicht fragen, ob diese Internierung gegen Ihren Willen geschah…«

»Sie fragen ja doch«, warf Hoddis ein. »Auch Sie tragen Vorstellungen über Geisteskrankheiten mit sich herum und betrachten mich wie ein Tier im Zoo.«

Kronfeld, jetzt streng: »Sie sehen mich allen Ernstes als Verräter im Auftrag Ihrer Freunde?«

Hoddis: »Ich hatte Bekannte.«

Kronfeld: »Wollen Sie sich ergeben? Ohne Gegenwehr? Verstehen Sie doch – ich will mit Ihnen nicht über Konflikte sprechen, an denen Sie womöglich…«

Hoddis unterbrach: »Das ist ein unglaublicher Unterton. Sie schneiden an meinem Schatten herum wie all die anderen Schweinehunde auch, und Sie betteln um Vertrauen.«

Kronfeld seufzte: »Nein, nein, Sie sehen nicht, worum es geht. Ich mache Ihnen ein Angebot. Und sie sollten mich nicht beschimpfen. Ich könnte in einem Prozeß gegen die Internierung, gegen Ihre Familie als Gutachter zu Ihren Gunsten auftreten, – wenn Sie es nur zulassen würden.«

Hoddis lachte: »Sie also sind mein Erlöser. Oder besser – der schlaue Fuchs, der dem Hahn den Stall öffnet, um ihn zum Futterplatz zu führen.«

Kronfeld: »Es geht Ihnen offenbar ausgezeichnet. Also, nutzen Sie Ihre Schlagfertigkeit für das Verfahren, das ich Ihnen vorschlage. Es gibt Instanzen, die, wie Sie wissen, Ihre Internierung plausibel machen und aufrechterhalten wollen. Ich werde, wenn Sie mir Gelegenheit dazu geben, ein Gutachten schreiben, das diese Absicht in einem Prozeß durchkreuzen kann. Ich bin sicher, daß die Maßnahmen gegen Sie nicht fortgesetzt werden können. Sie müssen mir einige Angaben machen. Außerdem müssen Sie Verständnis dafür haben, daß ich mich in einem solchen Verfahren auch mit dem Gegner gut stellen muß. Ich werde mit Ihrer Mutter, mit Ihrer Tante, mit Dr. Nawratzki und anderen sprechen. Ich werde Sie dabei nicht hintergehen. Ich muß Ihre Partei ergreifen und zugleich Mittler sein.«

Hoddis sog an seiner Zigarette, blies Kronfeld den Rauch ins Gesicht: »Sie sind ein außerordentlicher Schelm. Sie werden das alles schaffen.«

Beide grinsten. Kronfeld war voller Zuversicht und Eifer: »Ich würde zum Beispiel empfehlen, daß Sie nach Ihrer Entlassung den Vorschlag Ihrer Bekannten aufgreifen und mit ihnen eine Wohnung beziehen. Das würde Ihre Mutter beruhigen, und Ihnen würde es doch die Möglichkeit geben, Ihre Zeitschriftenpläne zu verfolgen, Ihre literarische Arbeit mit den anderen fortzusetzen. Was halten Sie davon?«

Ein Pfleger schaute zur Tür herein. Hoddis bemerkte ihn und sagte dann laut zu Kronfeld: »Ja, Herr Doktor, Sie werden das schaffen. Und ich werde mich in der Zwischenzeit gegen die Hypnosen des Herrn Dr. Nawratzki zu schützen wissen.«

Aus den Krankenakten der Privatheilanstalt »Waldhaus«, Nicolassee bei Berlin, 10.11.1912

Pat. hatte den Wunsch geäußert, 3 Werke von Kant zu

erhalten, hatte auf Aufforderung die Titel auch niedergeschrieben und sie nach einigen Tagen erhalten. Jetzt erklärt er, daß die Werke ihm von Dr. Nawratzki aufgedrängt worden seien, er habe sich die Sachen geben lassen, weil Dr. Nawratzki immer wieder davon zu sprechen angefangen habe.

13.11.1912
Zeigt ein sehr wechselndes Verhalten, mitunter sehr liebenswürdig entgegenkommend, dann abweisend überhebend, ungezogen. Er liest viel, sucht bei der Unterhaltung durch Stichworte zu blenden, schweift sofort wieder ab, sowie man näher auf einen Gegenstand eingehen will. Sein Auffassungsvermögen ist jedoch ziemlich scharf. Einem ihn besuchenden befreundeten Arzt hatte er erzählt, er glaube Dr. Nawratzki wolle ihn hypnotisieren, doch solle es ihm nicht gelingen, er werde sich dagegen zu schützen wissen.

Hoddis hörte Stimmengemurmel, das sich von der benachbarten Station her der Tür näherte. Er unterschied die aufgeregte Stimme des Herrn Dr. Nawratzki: »Meine Herren, wir werden nun die Männerstation...« Hoddis eilte weg von der Tür, dem anderen Ende des Ganges zu. Beim Durchgang zum Schlafsaal machte er halt, trat ins Dunkel, lehnte sich an die Wand, so daß er allen Blicken verborgen war, als die hohe Stationstür geöffnet wurde. Eine Gruppe vornehm Gekleideter drängte sich um Dr. Nawratzki. Die Gesichter drehten sich neugierig in alle Richtungen. Einer beugte sich zu Dr. Nawratzki vor und sprach mit verhaltener Stimme.

Dr. Nawratzki gestikulierte: »Ja, ja, wir haben schon unsere Sorgen. Die Hygiene, die Verabreichung der Medikamente, die Versuche, zu einer Aktivierung der Patienten zu finden. Wissen Sie, wir müssen in der Zukunft die Mitwirkung der Patienten verstärken. Und gerade das ist äußerst schwierig. Einige sind ganz in sich verschlossen und weisen jede Forderung zurück. Ihnen fehlt die Einsicht...«

Die Besuchskommission schritt langsam voran. Die Herren warfen einen Blick in den Eßraum. Sie besichtigten das Stationszimmer, ließen sich den Patientenbestand erklären, zeigten sich beeindruckt. Hoddis lauerte.

Dr. Nawratzki beantwortete eine weitere Frage: »Die fehlende Einsicht führt natürlich zu Disziplinschwierigkeiten. Querulantisch psychopathische Bilder stellen uns vor besonders schwierige Aufgaben. Der Patient, der sich allem verweigert, sich zudem für etwas Besonderes hält und zum Beispiel das Personal in aufgeblasener Weise beschimpft...«

Die Herren wandelten. Hoddis staunte, wie gelöst sie über diesen Gang wandelten, vorbeihastenden Patienten nachschauten, dem Schlurfenden galant auswichen, wie ihnen das alles nichts anhaben konnte. Sie musterten kurz den Waschraum und näherten sich nun dem Durchgang zum Schlafsaal. Hoddis preßte sich gegen die Wand, sah die mondfahlen Gesichter und schwarzen Figuren im Halbdunkel des Ganges. Sie schwebten heran, drehten sich, schaukelten, schwankten. Mit einem kräftigen Schritt trat Hoddis aus dem

Schatten. Er grinste: »Sieh da, Dr. Nawratzki, hoher Besuch, von Bedeutung für Sie? Und da schwadronieren Sie ein wenig über die Psychopathen. Ist alles soweit in der richtigen Ordnung? Aufgaben erfüllt. Auftrag ausgeführt. Haben die Herren ihre Eindrücke gesammelt? Dr. Nawratzki treten Sie doch bitte ein wenig zur Seite. Vielleicht stellen Sie sich hier einmal in den Durchgang. Einen Pfleger brauchen Sie nicht zu bemühen. Es dauert nicht lang.«

Hoddis wartete. Tatsächlich trat Dr. Nawratzki beiseite und verharrte stocksteif im dunklen Gang, während Hoddis fortfuhr: »Erlauben Sie mir, das ist doch Ihre Sprache, nicht wahr, erlauben Sie mir, Ihnen weitere Einblicke zu verschaffen. Ich bin der Dr. Davidsohn. Hören Sie mein populäres Glaubensbekenntnis. Ich sage nur: ›Neopathetik, katholisch. Ich gestehe meine und der Welt Unvollkommenheit ein. Und tue, was mein Inneres von mir verlangt und freue mich so gut, wie es geht. Und kann die Welt nicht aushalten, darum gab mir Gott das Lachen, und dann lache ich über die ganze Welt inklusive des öden Begriffes des Absoluten. Und über den verkehrten Theosophen, der eine ganze Bibel verschluckte, sie machte ihm aber etwas Bauchschmerzen. Natürlich ist die Sündhaftigkeit und Unvollkommenheit der Welt unerträglich, wenn es keine Erlösung gibt. Man lacht also herzhaft und entschlossen«, Hoddis stockte, »Sie verstehen, von all dem wissen wir Ärzte ein Lied zu singen. Soweit zu diesem Punkt, meine Herren.«

Hoddis verneigte sich rasch mit einer heftigen Seitwärtsbewegung des Kopfes, schloß dabei die Augen, stand für kurze Zeit still und rief dann plötzlich: »Dr. Nawratzki, treten Sie vor. Der Exkurs ist beendet, fahren Sie bitte fort. Ich danke Ihnen!«

Dr. Nawratzki gehorchte. Zuerst scheu, dann wieder sichtlich gestärkt näherte er sich der Besuchskommission. Hoddis stand immer noch vollkommen bewegungslos. Dr. Nawratzki musterte ihn knapp: »Davidsohn, unterlassen Sie doch diese Auftritte. Sie lauern unserem Besuch ja regelrecht auf. Gehen Sie bitte in das Lesezimmer. Da warten Ihre Bücher und Notizen.«

Hoddis stellte sich an die Wand, drückte seinen Rücken gegen die kalten Steine, hob den Kopf und starrte hoch zur Decke. Dunkelgelbe Rauchfahnen und Schwaden in weiter Ferne. In quälend langsamer Bewegung. Schoben sich ineinander. Fielen auf ihn herab. Mit dem Blick mußte er sie aufhalten, damit sie ihn nicht erdrückten.

Dr. Nawratzki bat die Herren von der Besuchskommission, ihm doch jetzt weiter zu folgen. Es gäbe noch weitere Stationen, die zu besichtigen seien; außerdem sei er froh, die Herren zu einem Kaffee einladen zu dürfen. Sein Vorschlag sei, die Kaffeerunde zu nutzen für ein abschließendes Gespräch über die Organisation der Privatheilanstalt Waldhaus.

Die Herren gingen. Hoddis sah, daß sie wandelten. Ihre mondfahlen Gesichter verschwammen in den dunkelgelben Rauchschwaden. Schwarze Figuren schwankten in der Ferne. Die schwere Stationstür fiel krachend ins Schloß.

Aus den Krankenakten der Privatheilanstalt »Waldhaus«, Nicolassee bei Berlin, 29.11.1912

Hält der Besuchskommission unter Ausschluß der Anstaltsärzte einen längeren Vortrag, bestärkt dabei nur bei den Zuhörern den Eindruck seiner Krankheit. Es fällt besonders sein aufgeblasenes, großsprecherisches Wesen auf.

Bei der Visite ist er gereizt, verlangt, entlassen zu werden. Es ist ihm gelungen, wahrscheinlich mit Hilfe eines Mitpatienten, einen Brief herauszuschmuggeln. Es wendet sich darauf ein Dr. Wolfsohn, Referendar, an die Anstalt - schriftlich - und will den Pat. in rechtlicher Beziehung vertreten.

Als Pat. darauf aufmerksam gemacht wird, daß er gar nicht nötig habe, Briefe herauszuschmuggeln, weil sie auch sonst befördert werden, wird er sehr freundlich.

5.12.1912

Hält sich ziemlich ruhig, ist meistens freundlich und entgegenkommend, doch hat er stets etwas Mißtrauisches in seinem Blick. Er hat viele Stereotypien, grimassiert, geht wie ein Bube im Kreis umher mit tänzelnden Schritten und wiegenden Hüften.

Er hat seit längerer Zeit die Erlaubnis, ins Lesezimmer zu gehen. Es wurde ihm auch angeboten, mit einem Pfleger im Park spazieren zu gehen, doch lehnte er es ab, weil er ohne Pfleger sein wollte.

17.30 Uhr. Abendessen. Kübel und Brote wurden aus der Anstaltsküche herangeschafft. Die Pfleger hatten es eilig. Die Vorbereitung der Mahlzeit brachte Leben in die Station. Die Patienten versammelten sich rasch im Eßraum. Trübgelbes Licht beschien von der hohen Decke herab die kahlen Tische und Stühle. Gegen die großflächigen Fenster drückte nebelschwere Dunkelheit. Die meisten Männer saßen schon still und lauernd über die Teller gebeugt.

Hoddis hielt sich in der Nähe der Stationstür auf. Die kräftigen, Kübel tragenden Pfleger beobachtend, trippelte er auf und ab. Niemand beachtete ihn. Das Essen wurde verteilt. Löffel klapperten in Tellern. Hoddis tippte mit dem Zeigefinger gegen die Stationstür. Sie öffnete sich lautlos. Ein Schritt. Er stand auf dem Flur. Der dunkelgraue Fußboden glänzte matt unterm Licht. Hoddis hüpfte die Stufen hinunter. Er zögerte nicht. Kraftvoll öffnete er die mächtige Tür.

Der Weg durch den Park war von einigen Laternen beleuchtet. Obwohl vom Nebel gedämpft, erreichte ihr Licht die Waldhausvilla, so daß Hoddis, als er sich noch einmal zum Haus wandte, oben im Relief die girlandentragenden Putten sehen konnte. Drollig grinsten sie in die Dunkelheit hinein.

Ohne Aufenthalt strebte Hoddis zum Tor. Er sah bald, daß es geöffnet war. Den Gehstock hielt er fest unterm angewinkelten Arm. Die Mütze hatte er tief über die Stirn gezogen. Vornübergebeugt ging er mit festen sicheren Schritten voran. Der Pfleger, der ihm entgegenkam, mochte denken: »Da geht der junge Doktor nach Hause, und ich hab die Nachtschicht noch vor mir. Die Ärzte haben es immer besser.« Mochte er denken und denken, er, Hoddis, wollte weg, war nicht Arzt, nicht Pfleger, nicht Patient, war Hoddis und wollte weg und weg.

Er durchschritt das Tor und als unerkannter Sieger stand er auf der Potsdamer Chaussee. Er ging Richtung Wannsee, bog von der Chaussee ab, um einen Fußweg zum Ufer zu suchen. Der Nebel wurde dichter. Reglos stachen die Gerippe der Bäume und Büsche ins Dunkel. Kein Hauch bewegte den See. Seltsam nah klang nur vereinzeltes Plirren und Plätschern des Wassers im Schilf. Der platzende Ruf eines Bleßhuhns verhallte dumpf. Im Nebel gefangen, horchend, lauernd stand Hoddis still. So eingehüllt hatte er sich nur in einem häufig geträumten Traum seiner Kindheit gefühlt. Feuchte, weite, weiche Tücher. Die vornehme schöne Dame. Ihre Brüste hoben und senkten sich. Der Mann stand abseits. Sein Gesicht war nicht zu erkennen. Nie hatte er sein Gesicht gesehen. Sie warteten auf ihn, in der Nacht, im dunklen Flur der elterlichen Wohnung. Er sah sich zitternd vor Furcht in seinem Bett. Und sah sich schlafwandelnd durch alle Räume gehen. Er hatte das Gefühl, seine Schuhe suchen zu müssen. Und im Flur trat ihm die schöne Dame entgegen, nickte ihm zu und hüllte ihn ein in diese weichen Tücher. Dann hatte sie ihn aufgehoben, in ihre Arme geschlossen und dem unsichtbaren Gesicht des Mannes ein Zeichen gegeben. Auf ihren Armen hatte sie ihn fortgetragen. Und der Mann war verschwunden.

Immer wieder hatte er diese Entführung geträumt, hatte sie beim Einschlafen furchtsam erhofft. Eingehüllt. In feuchte Tücher. Im dunklen Flur. Im Nebel am

Ufer. Er glaubte, sich nicht mehr bewegen zu können. Seine Füße waren bleischwer und kalt. Er griff nach einem Ast. Das Knacken war Krachen und Hoddis erschrak. Dumpf. Hinter seiner Stirn war Surren und Brausen. Er schwankte. Jetzt einen Schritt. Durchs Dunkel ein Schrei. Die Tücher waren so kalt. Laufen. Hier hatte er mit seinen Schwestern und Brüdern Blumen gepflückt. Manchmal hatte er wilde Rosen gefunden, war zur Mutter gelaufen, um sie ihr zu schenken. Sie hatte gelacht und gesagt, wie schön und dieser wunderbare Strauß. Er aber hatte immer nur dagestanden und ihr die Blumen hingehalten. Hatte so sehr gehofft, daß sie sie einmal nur nehmen würde. Und sie hatte gesagt: »Aber Hans, das kann ich doch gar nicht alles tragen. Behalt du sie nur.« Die Sträuße der Schwestern hatte er auf dem Heimweg immer in den Händen der Mutter gesehen.

Und daheim in der Holzmarktstraße, der Vater, im dunklen Zimmer, hinter dem großen Schreibtisch. Der Vater, das Gesicht eine Sorge. Hoddis sah, wie er vor seinem Vater stand, klein, ganz klein. Und das Gesicht des Vaters, dunkel und groß. Der Kleine hielt dem Vater die Blumen hin. Der schaute sie an und lächelte: »Danke, Hans.« Und der Kleine lief aus dem Zimmer. Er wußte: »Das Abendessen, gleich folgt der Streit.« Die Mutter vertrat eifernd die Kunst, der Vater düster die Wissenschaft – unterlegt mit niederschmetternden Bemerkungen aus seiner ärztlichen Praxis. Surren und Brausen hinter der Stirn. Ein platzender Schrei. Die Tücher umwehten ihn kalt.

Er hatte hier Blumen gepflückt. Er mußte jetzt fliehen, lief zur Chaussee und weiter Richtung Waldhaus, am Waldfriedhof vorbei, im Schnellschritt auf Steglitz zu. Bis Steglitz war die Mutter oft mit ihnen gewandert, den Haltestellen der Wannseebahn folgend – Fußmärsche ohne Ende. Von der Holzmarktstraße zum Grunewald. Holzmark. Holzmarkt. Balken, Bretter, ein Gerüst, Wände, ein Dach, eine Terrasse, etwas bauen, für die Eltern, für die Geschwister.

Während der Wanderungen mit der Mutter, immer dieser Wunsch nach einem ganzen Haus. Holz. Ein ganzes Haus war in seinem Kopf. Und im Garten die Blumen.

Was war das Haus gegen den Streit der Eltern? Seine Blumen nicht in der Hand der Mutter. Was waren die Blumen gegen das Gesicht des Vaters? Und später, seine ersten Gedichte, für die Eltern? Ohne Wand und Dach und Gerüst. Die Mutter entrückt und fast schon bedrohlich, so daß er ihre Stimme kaum noch hören konnte. Warum hatte er dann trotzdem Architektur versucht, warum auf dem Bau gearbeitet? Wem hatte er da noch ein Haus bauen wollen? Während ihn gleichzeitig ein anderes Suchen zu den Gedichten trieb, ein Suchen, das er gar nicht verstand, das vor allem jeder Laufbahn spottete?

Er mußte jetzt fliehen. Das Rufen der Mutter, des Vaters, der Geschwister, auch das der Freunde war unhörbar geworden. Er lief bis Wilmersdorf zu Meidner. Der hatte Besuch. Ein junger Mann ließ sich Meidners Korrekturen einer Zeichnung erklären. Hoddis fand einen Platz im Dunkel einer Zimmerecke und versank.

Als er früh am Morgen erwachte, war alles still. Meidner schlief noch, als Hoddis das Zimmer verließ. Er ging zu Guttmann und bat um Geld. Er nahm einen Zug nach Heidelberg, um dort Baumgardt zu besuchen. Einige Tage später fuhr Hoddis weiter nach Paris.

Aus den Krankenakten der Privatheilanstalt »Waldhaus«, Nicolassee bei Berlin, 7.12.1912

Hat die Zeit des gemeinsamen Abendessens benutzt, um sich, wahrscheinlich mit Hilfe anderer Pat., zu entfernen, unter Zurücklassung seiner Sachen.

Jakob van Hoddis an Erwin Loewenson
Aus dem Nachlaß:

Paris, 25.1.1913

Im Namen des Vaters des Sohnes und des Heiligen Geistes.

Lieber Erwin, lieber Freund!

Der Satz, daß ich Katholik bin bedeutet, daß ich eine bestimmte Anzahl von Lehrsätzen bejahe, sie nicht nur für nützlich richtig und weise, sondern auch den Glauben an sie als eine besondere Gnade ansehe. Ich freue mich daß Du verstehst daß ich Katholik wurde. Daß ich eine natura naturans hätte in dem Sinne daß in mir ein von Gott der Qualität nach entgegengesetztes wirke ist nicht wahr. Der Gott von dem Du schreibst ist eine alte Philosophisterei von mir. Gott als das Absolutum, ein Neutrum oder Satanicum. Die Welt als Überwindung Gottes. Ich aber – und

die Bücher der Juden vor allem das alte Testament geben mir recht – glaube an einen lebendigen Gott der giebt und nimmt. Freilich am liebsten denen die auf ihn vertrauen. Das hat Jesus unser Herr, der Mensch war und Gott von Gott Licht vom Lichte immer wieder betont. Er giebt und das wirst du in den Propheten in einer Weissagung über die Phöniker finden, sogar denen die er nachher für ihre Sündigkeit bestraft. Vielleicht darf man daran zweifeln ob jene Strafe überhaupt eine Strafe ist. Ich wenigstens wollte einmal sehr gern in der Hölle braten. Da es leichter ist sich an der Sensusation (sic) der teuflischen Qual aufzugeilen als sich von den Himmlischen Freuden ›ein Wohlgeruch Christi‹ zu werden eine Vorstellung zu machen.
So mag es auch kommen, daß deine Worte über die Ascese so roh klingen. Solche Büßer, von denen Du träumst giebt es in der katholischen Kirche überhaupt nicht. Das ist Pelagianismus. Es gilt die Lehre: Ohne einen besonderen Gnadenact Gottes kann man Gott garnicht lieben wollen. (Koncil zu Karthago.) Roma locuta causa finita sind die Worte des hl. Augustinus in diesem Falle. Er ist der Hauptvertreter dieser Lehre. Das Conversationslexikon faselt bei dieser Gelegenheit etwas von nichtanerkennung (sic) des freien Willens. Ich gedenke mich um seine Fürbitte für Dich zu bewerben.
Du mußt die scheue Liebe zu Gott, der in seiner zweiten Person, Gott Sohn sich für jeden Menschen ans Kreuz schlagen ließ begreifen können. Im Leben der heiligen Therese, (Einer Heiligen unserer Tage St. Therese de L'enfant Jesus starb 1897.). Ich lese: O, Jesus! douceur ineffable changez pour moi en amertume toutes les consolations de la terre!

Man muß das nicht beurteilen müssen.
Deine Anmerkung über die Einsamkeit vor Gott würde das Wort in Perspective stellen: Comment un coeur livre a l'affection humaine peut - il s'unir intimement a Dieu.
Daß ich wirklich Katholik werde ist nichts sociologisches. Weit entfernt die Lehre der Kirche als Allegorie zu nehmen, glaube ich an die Heiligkeit der Sacramenta. Mit dem ›metaphiessen‹ habe ich mich noch immer nicht vertragen. Wenn ein Katholik mit einem andersgläubigen debattiert ergiebt sich immer etwas wie ein vorbeireden. Bedenke aber eins: Viele Gedanken, die in den Systemen als abgründiger Tiefsinn erscheinen ordnen sich in der Religion kindhaft einfach. Deswegen wurde ich Katholik. Und unsatanisch Heilig. Sie sind kein Kreuz mehr an daß (sic) ich als leidender Gott geheftet bin. Das Geheimnis der Person und des Opfertodes Christi ist für einen Juden das schwerste (sic). Man muß es als Liebesact verstehen. Der sich täglich im Meßopfer wahrhaftig wiederholt. Das als Gnade anbietend, was Du Dir rauben willst. Dass bei dem historischen Ereignis Gott über seine Person das Factum der Dreieinigkeit offenbarte ist seine Sache. Im ganzen: Heiligkeit ist mehr als Gewalt.
An das Volk der Juden glaube ich noch immer.
Dein Brief war mir eine herzliche Freude. Ich erwarte weitere.
Herzlichst Jakob van Hoddis

Das Cafféhaus ist von Idioten bevölkert. Ich möchte gerne eine Zeitschrift haben, um ein katholisches Judentum zu gründen.

Vor allem zur Bekämpfung des Protestantismus.
Adresse bis auf weiteres Paris VI Rue de Bologne 49

Jakob van Hoddis an Doris Davidsohn
Aus dem Nachlaß:

Paris (bzw. Berlin) 16. Mai 1913
Liebe Mutter!
Ich habe mich über deinen Brief und dein Geschenk sehr gefreut. Es geht mir nicht schlecht. Ich war im April in München, wo ich einen vorteilhaften Vertrag mit einem dortigen Verleger abschloß. Am 1. September wird ein Gedichtband von mir erscheinen: Der Tag der Städte. Ein Novellenband wird folgen. Außerdem hat er mich zur Mitarbeit an einer demnächst erscheinenden Zeitschrift aufgefordert. Du siehst es sind alle Bedingungen zum Wohlergehen vorhanden. Das einzige, was mich beunruhigt, ist die Möglichkeit eines zweiten derartigen Vorgehens von Deiner Seite wie im Herbst.
Ich möchte am liebsten nach Deutschland zurück. Sogar nach Berlin. Es wäre allerdings angebracht, sowohl wegen meiner Aufträge, die mich sehr in Anspruch nehmen, als auch wegen der Vorfälle im vorigen Herbst, wenn wir uns eine Weile nicht sehen würden. Die Bezahlung meines Rechtsanwalts und ein Gutachten eines deutschen Gerichtsarztes meine ›geistige Gesundheit‹ bestätigend, haben mich viel Geld gekostet. So daß meine Übersiedlung nach Berlin nicht sehr leicht für mich wäre.
Du müßtest mir vor allen Dingen bindende Garantien geben, daß jene medicinischen Belästigungen von Seiten der

Familie nicht mehr vorkommen.
Herzlichst
Dein Sohn

Ich lasse Dir den Brief durch Loewenson zugehen, weil die Verständigung dadurch beschleunigt wird.

Erwin Loewenson,
Erinnerungen an Jakob van Hoddis, 1958

Aus dem Mai 1913 habe ich den Entwurf eines Briefes aus Paris an die Mutter: er würde gern nachhause kommen, falls ihm garantiert würde, daß medizinische Belästigungen wie im vorigen Herbst sich nicht wiederholen werden. Statt dieses (zurückgezogenen) Briefes muß er mehrere Wochen später einen anderen gesandt haben, der auch pekuniäre Bedingungen enthielt. Die Mutter möge mit ihm durch meine Vermittlung korrespondieren. Anfang Juni ging sie offenbar auf diese Bedingungen ein, stellte aber die Gegenbedingung, daß er vorläufig nicht ihre Wohnung betrete.
Sofort war er wieder in Berlin. Er sah seine Angehörigen nicht. Er berichtete uns voller Heiterkeit und anscheinend völlig normal über seine Internierung vom Haus jener Tante aus, bei der er sich sicher geglaubt hatte.
Er trat auch wieder im Cabaret auf. Der Kern des Neuen Clubs, sechs Mann und Oskar Goldberg, suchten sich eine gemeinsame Wohnung, an der auch Hoddis teilnehmen wollte. Eine prachtvolle geräumige Neubauwohnung war schon gefunden, da zerschlug sich das Projekt.

Die Freunde trafen sich im Café Ecke Prager Platz. Hoddis drängte, die Wohnung nun endlich zu mieten und möglichst bald zu beziehen. Genau dieser Zusammenschluß sei notwendig, um mit der literarischen Arbeit voranzukommen. »Nicht mehr dieses verworrene, dumpfe Auf-der-Stelle-Treten. Wir müssen uns um einen Punkt versammeln und gemeinsam Kraft entfalten. Sprache gegen den alltäglichen Erstickungstod. Leseabende, die nicht mehr überhört werden können. Eine Zeitschrift, die unsere Ideen zusammenfaßt, die das bürgerliche Leben als eine einzige Belästigung des Geistes entlarvt.«

Der Kellner brachte frischen Kaffee. Hoddis zündete sich eine Zigarette an. Sein Blick wanderte von Tisch zu Tisch. Kaffeekannen, Rauchschwaden, Aschenbecher, Cognacgläser, grell geschminkte Damen, Herren in steifer Haltung, zierlich zigarettenhaltende Finger. Lächelnd schaute er in die fragenden Gesichter seiner Freunde.

Loewenson räusperte sich: »Ja, Hoddis, sicher, wir alle wollen die Wohnung und auch die Zusammenfassung unserer Literatur. Du bist gerade erst zurück. Du drängst an einem eigentlich schon entschiedenen Punkt…«

»Ach, Loewenson, du langweilst mich«, unterbrach Hoddis. »Ihr müßt wissen, ich hatte Zeit in der Heilanstalt, viel Zeit. Es ist merkwürdig lustig da. Ein Ort für humoristisch veranlagte Leute. Da machen sich wohlanständige Philister mit unsichtbaren Ketten an denkenden Menschen zu schaffen. Das ergibt ein recht wirres Bild. Man hat Gelegenheit, Seltsames zu hören und selber ganz neue Reden zu halten. Es ist wahrhaftig keine Sommerfrische, aber doch etwas wie eine Entdeckungsreise. Auch der Kronfeld, den ihr mir geschickt habt, war lustig.«

»Aber, Hoddis«, warf Loewenson ein, »war sein Besuch gar keine Erleichterung für dich? Du streifst scheinbar alles sehr rasch und heftig ab.«

Hoddis – ungeduldig: »War schon gut. Ich danke auch. Wollte nur sagen, hatte Zeit, über die Redaktion der zukünftigen Zeitschrift nachzudenken. Kurzum – das müßt ihr mir überlassen...«

Goldberg, der neuerdings teilnahm und den Ton anzugeben versuchte, fiel ihm ins Wort: »Nichts überstürzen, Hoddis. Sie gehen zu forsch voran.«

Schweigen. Hoddis rauchte hastig, schaute grinsend in die ratlose Runde. Fuhrwerke und Automobile lärmten über die Straße.

Loewenson beugte sich zu Hoddis, wollte ihm etwas ins Ohr flüstern. Aber Hoddis wich zurück und musterte Loewenson streng. Der hatte es nun offenbar eilig, erhob sich, blickte verstört umher und verabschiedete sich, indem er einige Entschuldigungen vorbrachte, aber auch an die Verabredung mit dem Vermieter der Wohnung erinnerte. Loewenson zahlte und ging.

Goldberg ließ Hoddis gar nicht erst zu Wort kommen: »Wir sind der Zeitschrift wegen noch nicht einig, Hoddis. Sie drängen sehr und wollen alles. Mir scheint – alles oder nichts.«

Hoddis mißtraute dem Ton des anderen: »Schon wahr, mit lauer Halbherzigkeit will ich nichts zu tun haben. Auch langwierige Formalitäten schätze ich nicht. Aber in Ihrer Bemerkung schwingt so etwas rätselhaft Lauerndes mit. Sie werden mir das Rätsel sicher erklären.«

»So kommen wir nicht weiter, Hoddis. Ihr Freund, Loewenson würde gewiß nicht wollen, daß wir diesen Punkt gerade jetzt berühren. Aber...«

»Nur keine Scheu«, forderte Hoddis.

»Geduld«, sagte Goldberg, »wir kommen gleich an. Wir alle wissen, daß Sie für Pfemferts Aktion auftreten und schreiben. Durchaus verdienstvoll. Ist ganz Ihre Entscheidung. Aber zugleich fordern sie hier alles, die redaktionelle Führung – und das sofort. Das geht nicht zusammen. Sie müssen wählen. Und dann sollten sie in unserer nächsten Sitzung einen Antrag stellen.«

Gespannte Stille. Guttmann versuchte, beim Absetzen der Kaffeetasse jedes Klirren zu vermeiden. Baumgardt schaute bestürzt, wollte Goldberg mit Blicken Zeichen geben. Der rutschte auf seinem Stuhl hin und her, nahm seine Tasse, trank aber nicht, stellte sie wieder weg, drehte sie auf dem Teller.

Hoddis beobachtete ihn genau, fixierte starr sein Gesicht: »Das war also Ihr Standpunkt. Fahren Sie fort. Sie scheinen sich in der Literatur auszukennen und haben offenbar einen genauen Plan.«

Goldberg sah sich hilfesuchend um. Niemand sagte etwas.

Hoddis wandte sich zum Fenster, verschränkte die Hände unter dem Kinn, schaute hinaus auf die Straße und schwieg. In dieser Haltung verharrte er für längere Zeit und betrachtete die vorbeieilenden Passanten. Plötzlich reckte er den Hals, kniff die Augenlider zusammen, richtete sich halb auf. Die Freunde verfolgten seine Blickrichtung. Als erster bemerkte Baumgardt sie. Auf dem Bürgersteig stand Frau Davidsohn. Sie schien nach jemandem Ausschau zu halten. Ihren Sohn und seine Freunde im Café entdeckte sie aber nicht.

Hoddis wollte aufspringen. Baumgardt hielt ihn am Arm: »Was willst du?«

»Hin«, stieß Hoddis hervor, »hin, hier weg!«

»Laß das, Hoddis, laß sie. Kümmre dich nicht um sie. Es schadet dir. Du weißt das. Bleib. Laß uns hier in unserer Sache eine Einigung finden.«

Hoddis starrte hinaus. Frau Davidsohn ging unruhig auf und ab. Sie wollte offenbar nicht länger warten. Hoddis sprang auf. Baumgardt zog ihn zurück. »Hoddis, ich bitte dich. Du hältst das nicht aus. Geh später zu ihr. Laß uns erst die Wohnung beziehen.«

Hoddis riß sich los. Sein Blick flog gehetzt von einem zum anderen und hinaus auf die Straße. Seine Mutter war nicht mehr zu sehen. Er wankte. Eilig verließ er das Café.

Die Häuserfront schwankte. Die Gesichter der Passanten sausten verschwommen, bleich und dick an ihm vorbei. Sie waren ganz mehlig und kalt. Er sprang zur Seite, um einem Fahrrad gerade noch auszuweichen. Er stieß gegen Arme und Schultern. Sirrender Lärm gellte ihm grell in die Ohren. Diese Gesichter. Druck auf den Augen. Sein Blick zuckte weg. Schräg oben, über Schaufenstern und Türen, da war etwas Halt. Im Laufen las er »Dannenberg und Quandt«, dann »Piano« und »Flügel« und weiter »Schultheiss« und weiter »Räucher« und »Waren« und »Weinhaus«. Und weiter. Und wußte nicht. Diese Zeichen an der Wand. Rasend über Türen und Fenstern. Dieses Poltern und Rollen und Rollen auf der Straße. Und weiter. Dieses Stottern und Schnattern aus Mündern unter dunklen großen Hüten. Und weiter. Diese Zeichen an der Wand...

Er stand still. Vor ihm ragte ein Laternenpfahl aus dem Pflaster empor. Das Metall kühlte seine Hand. Er lehnte sich an, verbarg die Hände in den Rocktaschen, überschaute die Kreuzung, die gegenüberliegenden auseinanderstrebenden Häuserfronten und richtete seinen Blick auf die Fensterreihen der oberen Stockwerke. Sein Atem wurde ruhiger.

Erwin Loewenson, 22.5.1913
Aus einem Brief an eine Bekannte:
Jedenfalls also wie gestern schon geschrieben, muß ein Konflikt zwischen Hoddis und mir vermieden werden, weil wir ihn sonst zu leicht aus den Einflüssen verlieren und er sich wieder zur Kirche wendet. Darum will ich einen Antrag auf Vertagung seines Antrages stellen. Damit ihm nicht direkt Nein gesagt zu werden braucht (was nötig ist, um seine katholischen Theorien zu verhindern, in unserm und hauptsächlich in seinem Interesse); er darf nicht alles

schreiben dürfen, was er will. Weil man aber nicht sagen darf, daß gerade er es nicht darf, muß man die redaktionelle Autokratie allgemein festsetzen. Darum ist mein Plan folgender. Ich erkläre: Ich traue mir zu, behaupte und garantiere dafür, daß ich das Gemeinsame der Tendenzen, des Niveaus usw. jedes Einzelnen erkannt habe und formulieren kann, ohne daß nur irgend einer von seiner Denkrichtung etwas einzubüßen braucht, wenn er sich zur Conformität mit den andern abrundet: Im Gegenteil: ich behaupte, daß das Gewicht, mit dem jeder einzeln auftritt, schwerer accentuiert wird in dem Moment, in dem er als einer der Repräsentanten in einer Bewegung auftritt: indem nämlich dann schon eine Anzahl Bejaher seiner selbst hinter ihm stehen (was ihm leichter auch bei andern Anerkennung verschafft). Dazu ist es aber nötig, daß eine Gesamttaktik eingeschlagen wird. Diese aber in die Wege zu leiten – Einander Erklärendes zusammenzustellen, Einander Schädigendes beiseitezusetzen – kann nur die Aufgabe eines Einzelnen sein (der natürlich von seinem Tun Erklärungen abgeben kann, aber sich nicht in Debatten einlassen muß). Ich mache den Herren nun das Anerbieten diese Arbeit für sie zu leisten, nämlich aus – im Chaos verschwindenden – Einzelnen eine willenserhöhte Gruppe zu machen. Sehen sie ihr Interesse so weit ein, daß sie das Anerbieten annehmen, so müssen sie mir auch Vollmacht geben und sich der von mir in die Wege geleiteten Gesamt-Taktik unterordnen. Verzichten sie auf eine solche Unterstützung von mir (daß sie aus Einzelnen zu einer Bewegung einer Einzelnen-Gruppe werden können) so muß ich zugleich mit der Redaktion meine Mitarbeit zurückziehen, da

diese nur darauf abzielt eine »Bewegung« zu inszenieren. Wird diese nicht gewollt, so will ich mich nicht verausgaben mit meinen Arbeiten (die ich sowieso nur unter großen Schwierigkeiten und von Examinis gedrängt machen kann): ich ziehe also meine Mitarbeit und zugleich den Titel der Bewegung natürlich zurück (Neopathos) und warte damit bis auf eine in jeder Beziehung gelegenere Zeit. Inzwischen können sie ihre Zeitschrift ja »Der kitzliche Engel« nennen; ich werde mich gelegentlich beteiligen, aber unwesentlich. (So wird's gemacht. Nicht ohne daß ich die einzelnen Comitémitglieder vorher bearbeiten werde.)
Also: ich werde aufgrund dieser Begründung die Leute bitten, erstmal einige Nummern abzuwarten, ob sie nicht so besser bei wegkommen und ob sie sich nicht gefördert sehen durch diese Gesamttaktik. Beantrage also, Antrag van Hoddis auf unbestimmte Zeit zu vertagen. [...]
Dein Erwin

Tagelang war Hoddis verschwunden. Niemand hörte etwas von ihm. Loewenson machte sich auf die Suche. Baumgardt hatte ihm vom weiteren Verlauf des Gesprächs im Café erzählt. Loewenson wußte, wie Hoddis auf mißtrauische Anfeindungen und formale Einwände reagierte. Er befürchtete Schlimmes. Er wandte sich an Frau Davidsohn. Aber auch sie wußte nichts über einen möglichen Aufenthaltsort ihres Sohnes.

Im Café des Westens traf Loewenson Meidner. Er berichtete ihm vom Streit und von Hoddis' Verschwinden. Meidner nickte nachdenklich: »Hm, hm, – das ist ein Jammer. Nun wird er alles abbrechen. Glauben Sie mir. Da geht's nirgends zurück. Ich habe ihn nicht häufig getroffen. Aber ich glaube, ich kenn ihn ganz gut. Wenn er's schafft, werden wir noch viel von ihm hören. Wenn er verzweifelt, dann wird er ganz und gar untergehen.«

Meidner schwieg. Loewenson sah ihn erstaunt an, strich sich mit den Fingern der linken Hand immer wieder über die Stirn. Meidners Blick wäre er gern ausgewichen. Woher dieses sichere Urteil? Was wußte Meidner von Hoddis?

»Ja«, sagte Meidner bedächtig, »Sie suchen ihn. Das ist sicher notwendig. Ich vermute, er hat sich in die leerstehende Atelierwohnung eines gemeinsamen Freundes zurückgezogen. Das ist nahe Halensee. Ich werde Ihnen den Weg beschreiben.«

Nach dieser Begegnung war Loewenson besorgter, aber auch ratloser als zuvor. Er wußte jetzt, wo Hoddis sich womöglich versteckt hielt. Aber sollte er ihn wirklich aufsuchen? Was würde ihn erwarten? Und – hatte er überhaupt das Recht, ihn ausfindig zu machen?

Trotz aller Zweifel – die Sorge war stärker. Loewenson fürchtete um den Freund und wollte ihm helfen. Er wollte ihn sehen. Er machte sich auf den Weg. Meidners Beschreibung führte ihn sicher zur genannten Wohnung. Loewenson stieg die Treppen hoch, stand vor der gesuchten Tür, zögerte noch, klingelte. Er hörte nichts. Er wartete, klingelte wieder. Keine Schritte, nichts. Vielleicht hatte Meidner sich getäuscht? Loewenson war halb entschlossen, die Suche aufzugeben... Oder doch, war da nicht ein Geräusch? Loewenson klopfte an die Tür und rief gedämpft: »Hoddis, bist du da? Ich bin's, Loewenson. Ich suche dich.«

Die Tür wurde geöffnet. Vor ihm stand Hoddis: Das Gesicht grüngelb glänzend geschminkt, die Lippen leuchtend rot, auf dem Kopf eine Matrosenmütze, mit bunten Bändern geschmückt. Überhaupt trug er einen Matrosenanzug, viel zu klein, mit kurzen Hosen. Auch der Anzug war bemalt und an den Nähten mit bunten Bändern verziert.

Loewenson schluckte, trat einen Schritt zurück.

Hoddis begrüßte ihn freundlich: »Loewenson, schön, daß du mich besuchst. Wir haben uns seit dem eiligen Aufbruch neulich im Café nicht mehr gesehen. Entschuldige bitte, daß ich dich jetzt nicht hereinlassen kann. Ich bin mit einer dringenden Arbeit beschäftigt und erwarte außerdem Besuch.«

»Ich freue mich, daß ich dich gefunden habe. Es war nicht ganz einfach.« Während Loewenson sprach, warf er einen Blick in die Wohnung. An den Wänden entdeckte er eine Reihe von Buntstiftzeichnungen, kindliche Kritzeleien, eine indianerähnliche Figur am Kreuz, andere christliche Motive und verschiedene Pferde, Reiter und Sonnen. »...Ich sehe, daß du neuerdings zeichnest?«

»Nicht wichtig, kleine Übungen nur«, sagte Hoddis und zog die Tür hinter sich zu. An den Türrahmen gelehnt fragte er: »Wie weit ist der Zeitschriftenplan? Einige Streitfragen sind noch zu besprechen, denke ich. Wann wird die nächste Sitzung sein?«

Loewenson faßte sich und gab bereitwillig Auskunft: »Wir müssen eine Verteilung der redaktionellen Arbeiten finden, in der die verschiedenen Richtungen ausreichend berücksichtigt sind. Der Zeitpunkt der nächsten Sitzung steht noch nicht fest. Alle waren ein wenig verstört.«

»Wie steht es mit der Geldbeschaffung für den Druck?«, wollte Hoddis wissen. »Darum will Goldberg sich kümmern«, antwortete Loewenson und fügte beschwichtigend hinzu, »ich meine, wir können ihm das zutrauen, und trauen können wir ihm auch.«

Hoddis wippte mit den Zehenspitzen: »Darüber sprechen wir später, Loewenson. Ich jedenfalls bin voller Hoffnung.« Er fragte weiter wegen der zukünftigen Lesungen, welche Autoren und Texte vorgesehen seien, ob es neue Programmzettel geben würde. Und er wollte auch wissen, ob die Abende im Café Kutschera oder im Architektenhaus veranstaltet werden sollten. Loewenson antwortete, soweit es ihm möglich war. Sie sprachen über die neuen Ausgaben von »Aktion« und »Sturm«. Sie standen auf dem Treppenabsatz; Hoddis an den Türrahmen gelehnt, grell, glänzend, umgeben von bunten Bändern, gelegentlich auf und ab wippend. Sie unterhielten sich, bis Hoddis schließlich noch einmal den erwarteten Besuch erwähnte. Loewenson verstand und verabschiedete sich. Während sie sich die Hände reichten, lächelte Hoddis ihm froh und aufmunternd zu. Loewenson ging die Stufen hinunter. Einmal noch blieb er stehen und schaute zum Treppenabsatz hoch. Hoddis war nicht mehr zu sehen.

Erwin Loewenson,
Erinnerungen an Jakob van Hoddis, 1958
Diesen Besuch verschwieg ich allen. Aus gewissen Bemerkungen war mir übrigens klar geworden, daß er sich mit dem betont alten Damengesicht und der Kinderkleidung nicht auf eine erotische Orgie hatte vorbereiten wollen, sondern auf das Gruselerlebnis der leibhaftigen Identifizierung mit einer Lotte Pritzel-Puppe. Ein rechter Trost war das auch nicht.
Im Caféhaus erschien er bald wie früher, die Krankheit schien endgültig abgeklungen zu sein. Sein Umgang beschränkte sich jetzt außer mit mir, der ihn wieder höher herannahm, fast ganz auf die Mitarbeiter von »Sturm« und »Aktion«. Von Ende 1913 bis April 1914 trat er in Autorenabenden der »Aktion« auf.

Göppinger Krankenpapiere
Ärztlicher Bericht, Tübingen, 1.7.1927
Anamnese:
Vater: Dr. Hermann Davidsohn, Zuchthausarzt, gestorben.
Mutter: Doris Davidsohn, geb. Kempner.
3 Geschwister gesund.
Ein Bruder im Felde gefallen.
In der Familie angeblich keine Nerven- und Geisteskrankheiten.
Der Vater des Pat. soll ein Sonderling gewesen sein, war zuckerkrank, gichtleidend, Cocainist.
Zwillingsgeburt. Der Zwillingsbruder tot geboren. Pat. war von jeher klein und etwas dürftig entwickelt. Frühreif, sehr begabt. Als Kind nervöse Zuckungen und Wutanfälle. Auf

der Schule viel Konflikte mit Lehrern. Kurz vor dem Abitur wegen Streites mit den Lehrern abgegangen. Bestand später das Abitur als Wilder sehr gut. [...]

Krankenakte No. 262, Univ.-Klinik für Gemüts- u. Nervenkrankheiten Tübingen

Beginn der Erkrankung 1912 mit 28 Jahren. Beginn mit einer »Art religiösem Wahnsinn«. Wollte katholisch werden. Nahm bei einem Pfarrer Unterricht. Lag stundenlang vor Heiligenbildern. War damals in München. Wurde wieder nach Berlin gebracht. War feindlich gegen die Mutter eingestellt. Äußerst mißtrauisch. Ließ sich nicht beeinflussen. War eine Zeit lang in der Anstalt Münster i. Westf. [...] Von dort entflohen. War dann bei Dr. Nawratzki in Nicolassee. Wurde dort ruhiger. Die religiösen Ideen traten zurück. Seine Freunde verhalfen ihm zur Flucht, weil sie dachten er sei widerrechtlich interniert. Kam dann nach Paris. Von dort wieder zurück nach Hause 1913. Malte damals sehr viele religiöse Darstellungen mit bunten Bleistiften. Sommer 1914 sehr ruhig und geordnet. Dann plötzlich wieder (ausgerückt) nach München. War damals rücksichtslos. Lebte ganz unruhig, war häufig dann wieder den ganzen Tag im Bett. War dann die größte Zeit des Krieges bis 1921 in Privatpflege in Frankenhain bei Rektor Siegling.

Hoddis betrat den Raum. Er trug einen schwarzen, zerschlissenen Anzug, fadenscheinig nicht nur an Knien und Ellenbogen. Die Ärmelnähte speckig. Unter dem gewinkelten Arm den Spazierstock. Die Schirmmütze tief in die Stirn gezogen. Obwohl sein kleiner gedrungener Körper ungelenk erschien, war er flink in allen Bewegungen, flink mit einer Neigung zur Hast. Groß, fast klobig wirkte der Kopf, und die früher eher feinen Züge seines Gesichts waren verquollen, wulstig die Lippen und düster der Blick.

Er keuchte nach langem Gang durch den Ort und weit um den Kiefernwald über Felder und Wiesen. Die Sieglings saßen beim Abendbrot und hatten ihn schon erwartet. Hoddis setzte sich an den Tisch, nahm Brot und Käse. Er aß hastig und viel, verschwand dann mit den Fundstücken des Tages in seinem Zimmer. Aus den Taschen von Hose und Jacke zog er Steine, Äste und Scherben. Er breitete alles aus, holte verschiedene Schachteln aus seinem Schrank, und nach Farben und Formen ordnete er die neuen Stücke in seine Sammlung ein. Über einigen Steinen saß er lange, prüfte erstaunt den Schwung einer Linie, war glücklich über einen Farbton, der ihm so noch nie vorgekommen war. Gelegentlich stand er von seinem Tisch auf und ging im Zimmer umher. Er dachte an seine Gedichte in Berlin. Er dachte an die Reisen seiner Gedichte nach Zürich oder Paris.

Hoddis reihte vor sich auf dem Tisch die Kisten und Kästen aus Pappe und Holz, in denen er Steine, Scherben, Wurzelhölzer, Schneckenhäuser und andere Fundstücke seiner Wanderungen sammelte. Alles fand dort Ordnung und Platz nach der Vorstellung des Sammlers. Hoddis räumte. Er schaffte Räume für Formen und Farben, für den vorgefundenen Aufbau, für die natürliche Form der Zeichen. Das waren seine Fundstücke, seine Schätze, – Zeichen – Könige, Prinzen, edle Pferde, umherziehende Indianer, verschollene Blumen, deren Blüten niemand sonst und bisher gesehen hatte.

Es klopfte. Der alte Volksschulrektor Siegling trat ein, um Hoddis eine gute Nacht zu wünschen. Hoddis drückte das Kinn auf die Brust und murmelte einen Gruß. Siegling zeigte auf die Steine. »Haben Sie wieder einiges gefunden?«

Hoddis nickte, setzte sich, legte die Arme um die gesammelten Stücke und schaute begeistert auf seinen Schatz.

Und Siegling: »Morgen in der Frühe beginnt wieder die Schule. Ich werde mich zur Ruhe begeben und wünsche auch Ihnen eine gute Nacht.«

»Ja«, rief Hoddis, »ja, ja doch.« Siegling verließ das Zimmer.

Hoddis verstaute alles in Schachteln und Kästen. Er öffnete das Fenster, setzte sich auf die Fensterbank über dem Schulgarten und lauschte hinaus. Er hörte die zitternde, platzende, wimmernde, schlagende Stimme der Nachtigall. Tränen stiegen ihm in die Augen. Das Gefühl des Abschieds, dies immer unerfüllte und nie zu Ende gelebte Gefühl zerfloß zu einer merkwürdigen Heiterkeit. Er lächelte. Er lachte. Er hörte die Stimme nicht mehr. Er hörte das Gelächter unbekannter Menschen. Er fiel in sich zusammen. Seine herabhängenden Füße kamen ihm weit entfernt vor. Er hatte Angst um sie. Es könnte ihnen weit da unten etwas zustoßen. Er zog sie herauf. Er floh von der Fensterbank. Auf diesen fremden weit entfernten Füßen ging er im Zimmer auf und ab. Bei jedem Schritt dachte er eins und zwei und drei und vier. Die Mathematik würde ihm helfen. Aus dem Papierhaufen in der Zimmerecke zog er unbeschriebene Blätter hervor. Er schrieb die Zahlen von eins bis zehn. Reihe für Reihe. Untereinander. Die Sieben. Die Sieben gesondert. Die Sieben hatte einen Ehrenplatz. In langer Reihe senkrecht zu den anderen Zahlen schrieb er immer wieder die Sieben. Die Zahl und das Wort. Abwechselnd – die Zahl und das Wort und ausgesprochen klang es immer gleich. Sieben und Sieben. Vierzehn. Was war die Vierzehn? Unvorstellbar – Sieben und Sieben – Vierzehn. Wer könnte das glauben? Wie war das bewiesen? Wovon könnte einer ausgehen? 1914. Das war der Name des Jahres. 1914. Berlin. Da hatte er Blumen gepflückt. In der Nacht. Er schrieb unter die Reihe der Siebenen die Vierzehn und 1914 und den Satz: Ich habe am Wannsee Rosen gepflückt und weiß nicht, wem ich sie schenken soll. Der Satz war kein Gedicht. Der Satz machte ihn wütend. Die Drei, die Vier. Wo war die Zwölf? Drei mal Vier – Zwölf. 1912. Wo war der Kaplan von Wolbeck? Mit ihm sollte er die religiösen Fragen zu Ende besprechen. Warum war der gegangen?

Hoddis sprang auf, lauschte, hörte aber nichts, hastete zur Tür, die Treppe hinunter und hinaus in den Schulgarten. Da ging er schnellen Schrittes zwischen Beeten, Büschen, Blumen. Der Schulgarten, der Hof, alles war still und leer.

Am frühen Morgen hockte Hoddis auf dem Gartenweg zwischen den Blumenbeeten, hockte vor einer kräftigen Lupinenstaude, den Oberkörper leicht vornübergebeugt, mit gerecktem Hals, den Blick auf die Blätter gerichtet, auf die grünen Sterne, in deren Mitte je ein Tautropfen lag. Tautropfen. Perlen. Schillernd in Regenbogenfarben. Runde Spiegel. Im Windhauch schwankten die Blätter und die Tauperlen zitterten. Hoddis verharrte so ausdauernd, daß ihm das Gefühl aus den Beinen schwand. Er meinte, das Verdampfen der Wassertropfen unter der höhersteigenden Junisonne sehen zu können. Die ersten Bienen bevölkerten die Blüten der Lupinen. Das Summen schwoll zum Brausen an, – als hätte ein lärmender Himmel sich geöffnet. Hoddis mußte seinen Blick von den Bienen auf der Blüte bei seinem Gesicht wegreißen. Er reckte den Hals, neigte den Kopf, das rechte Ohr gegen den Himmel. Die Augen geschlossen. Grell. Das Grelle. Es grellte ihm noch durch die geschlossenen Lider ins Hirn. Schmerz. Und was sein Ohr hörte aus dem Geöffneten dort, war weit und mehr und ein mächtiges Tönen. Er wollte aufspringen, konnte es nicht mit den steifgehockten Gelenken, verlor das Gleichgewicht, lag hilflos auf dem Gartenweg, streckte die Glieder, entkrampfte sich, fand seine Bewegung nur langsam. Mit dem Gesicht zur Erde hin sagte er leise: »Hab Rosen gepflückt. Am Wannsee. Wem soll ich sie schenken? Hab sie gepflückt ...« Auf dem Schulhof hatten sich die ersten Kinder versammelt. Ihre ausgestreckten Arme zeigten hinüber zum Garten. Sie lachten und schnitten

Grimassen. Hoddis sprang auf, verließ gehetzt den Garten, rannte über die Dorfstraße, an den letzten Häusern vorbei, und rief wiederholt aus: »...Wem soll ich sie schenken, wem? Wer antwortet nicht?«

Am Wochenende hatte die Familie Siegling die Konfirmation der ältesten Tochter Elisabeth gefeiert. Eine große Gesellschaft war von der Kirche zum Mittagstisch und an die Kaffeetafel gezogen. Die vielfach beschenkte Tochter hatte so sehr im Mittelpunkt der Feier gestanden, daß sie sich nun tatsächlich wie erwachsen fühlte oder jedenfalls doch vermutete, dieses seltsame neue Gefühl sei das, was die Eltern, der Pfarrer, die Nachbarn meinten, wenn sie von der Aufnahme in die Welt der Erwachsenen sprachen.

Hoddis hatte sich ferngehalten von der Kirche, von den Gästen und allem Tumult der Konfirmation. Am Morgen des großen Tages hatte er auf der Bank vorm Schulhaus sitzend den Sieglings in ihren Feiertagskleidern auf dem Weg zur Kirche nachgeschaut. Er hatte hell heraus gelacht, so daß Frau Siegling stehengeblieben war, sich mit einem sehr strengen Blick zu ihm umgeschaut hatte. Und gerade da war sie ihm besonders steif, merkwürdig verkleidet und so lustig und verloren erschienen, daß er noch heftiger hatte lachen müssen und dann plötzlich von großer Traurigkeit angerührt worden war. Er war lieber nicht geblieben und für den Rest des Tages einfach verschwunden.

Die Tochter fürchtete sich eigentlich vor dem jungen Herrn Davidsohn. Sie empfand in seiner Nähe so eine

Anspannung. Das machte ihr Angst. Er stand auch im Sommer am Ofen, rieb sich die Hände über der Ofenplatte, als würde er frieren. Und dann lachte er plötzlich, ohne daß sie je gewußt hätte warum. Seine Gesichtszüge waren ohne bestimmtes Alter. Fragte man ihn, wie alt er sei, gab er immer nur an »Achtundzwanzig«. Das war der Tochter ganz fremd. Und noch fremder war ihr dieser oft von ihm wiederholte Satz von den Rosen am Wannsee, und daß er nicht wüßte, wem er sie schenken sollte. War das ein Irrsinn? Und was war denn ein Irrer? Der war doch das Gegenbild zum Menschen? So jedenfalls dachte sie bei sich und fragte sich auch, wie das zusammenpassen könnte mit dem im Grunde wohl freundlichen Wesen des jungen Herrn Davidsohn.

Sie mochte ihn leiden. Um ihn war so etwas Anrührendes. Er erschien ihr ganz schutzlos. Man erkannte ihn sofort; sie meinte, sein Inneres zu spüren und auch zu seiner Verschlossenheit eine Verbindung zu haben. Sie wußte, daß es von ihm gedruckte Gedichte gab, daß er unter dem Namen Jakob van Hoddis als Schriftsteller bekannt geworden war. In seiner Mütze hatte sie die Initialen J.v.H. gesehen. Das beeindruckte sie sehr. Sie las gerne Romane, auch Gedichte und hatte eine hohe Meinung von der Literatur. Vor ihren Eltern hielt sie das, so gut es ging, geheim. Insbesondere die Mutter äußerte sich, sobald sie etwas bemerkte von dieser Neigung der Tochter, darüber sehr besorgt und hielt sie statt dessen nachdrücklich zur Hausarbeit an.

Am Tag nach der Konfirmation saß Hoddis gegen Mittag auf dem Hauklotz unter der Birke beim Schulgarten. Ermutigt durch den gerade erfahrenen Schritt in das Leben der Erwachsenen, angetrieben auch von Neugierde wagte die Tochter, den Pflegling allein anzusprechen. Sie trat auf ihn zu und fragte scheu: »Herr Davidsohn, darf ich Sie bitten, da ich doch gerade die Konfirmation gefeiert habe und da Sie ein Schriftsteller sind, – darf ich Ihnen mein Poesiealbum geben und Sie bitten, mir da etwas einzutragen?«

Hoddis schaute aufmerksam, erstaunt und für längere Zeit auf das Mädchen. Er lachte. Er lachte sie freundlich an. »Sie sind sehr erwachsen jetzt und höflich«, sagte er und nahm das Poesiealbum, das sie ihm reichte, in seine Hand. »Darf ich das behalten, für heute vielleicht?« Sie nickte froh.

Am Abend dieses Tages saß Hoddis lange in seinem Zimmer über dem aufgeschlagenen Buch. Häufig stand er auf, um den Schrank zu öffnen und in seinen Kisten zu räumen und zu suchen. Schließlich zog er aus einer Kiste einen Spielzeugbaukasten hervor. Den legte er auf den Tisch neben das Album, setzte sich und schrieb langsam und sicher:

»Wirf deinen Anker
nicht nach der Tiefe
des Erdenschlammes
sondern nach der Höhe
des Himmelsblaues
und dein Schifflein

wird glücklich landen
im Sturm.«

Er betrachtete die Verse und lächelte sie an. Ja, so sollte es sein für dieses freundliche Mädchen.

Am folgenden Morgen saß Hoddis mit dem Album und dem Spielzeugbaukasten vor dem Bauch auf der Bank und wartete. Als Elisabeth Siegling vor das Schulhaus trat, ging er auf sie zu. Mit einer knappen Verbeugung überreichte er ihr die beiden Geschenke. Sie bedankte sich und kehrte sofort zurück ins Haus, um die Eintragung zu lesen. Sie saß am Küchentisch und las die Zeilen wieder und wieder. Das war ihr ein merkwürdiges Gedicht. Ihre Eltern traten hinzu und schauten ihr über die Schultern auf die Verse im Buch. Der Vater schüttelte verwundert den Kopf, sagte vorerst nichts dazu. Die Mutter aber ermahnte die Tochter sogleich, sich mit solchen Dingen doch ja nicht zu sehr zu befassen, das verwirre den Geist und Verständiges komme dabei nicht heraus.

Herr und Frau Siegling saßen am Frühstückstisch. Die Frau hatte das Gespräch auf Hoddis gelenkt und beklagte sich bitter über die Unsauberkeit des Pfleglings. Vorwurfsvoll fragte sie ihren Mann, ob er denn gar nicht bemerke, daß der Davidsohn nicht nur unangenehm riechen, sondern wirklich stinken würde. Dieser Anzug, den er schon seit Monaten ununterbrochen trüge, an die Wäsche darunter wolle sie gar nicht denken, »und wann wäscht der sich denn?«, fragte sie ihren Mann vorwurfsvoll, als sei der verantwortlich für die Bekleidungs- und Reinigungssitten des unsauberen Hausbewohners. Und sie fügte hinzu, zwar bekämen sie ja das Pflegegeld monatlich von der Frau Davidsohn, und eine Gegenleistung dafür sei sicher gerechtfertigt. Aber diesen Zustand könne sie, wenn nicht bald eine Besserung eintrete, kaum weiter aushalten. So sprach sie weiter zu ihrem Mann, auch als Hoddis nun die Wohnküche betrat und sich wortlos an den Tisch setzte, um eine Tasse Kaffee zu trinken und ein Stück Brot zu essen. Frau Siegling erwähnte gerade die Ausdünstungen des Zimmers, da müsse doch sauber gemacht werden, und das Bett brauche frische Laken und Bezüge, die seien so – , ja, wer würde die überhaupt noch anfassen wollen, diese dreckigen Lappen.

Hoddis schaute nicht auf zu den Sieglings, starrte auf die Tischplatte, zerkaute sein Brot und trank den heißen Kaffee Schluck für Schluck. Die Mütze hatte er nicht abgenommen, und der Spazierstock lag neben ihm auf der Bank. Er war ganz unberührt, auch als Frau Siegling erneut und heftiger nun ihrem Mann Vorwürfe machte und zu verstehen gab, daß der etwas tun müsse gegen die Unsauberkeit, die durch den Davidsohn über ihren Haushalt gekommen sei. Das Sprechen seiner Frau war Siegling unangenehm. Er mochte sie nicht entschuldigen bei Hoddis und ihn nicht in Schutz nehmen vor ihr. Er schaute auf Hoddis und war froh, als der sich nun hastig erhob, um den Raum zu verlassen.

Obwohl es in Strömen regnete, ging Hoddis hinaus und verschwand im grauen Wetter auf dem Weg Richtung Kiefernwald.

Bevor Frau Siegling weitere Klagen aufzählen konnte, versicherte der Mann ihr, daß er sich um die Kleidung des Davidsohn kümmern und ihn eindringlich ermahnen werde, sich täglich zu waschen. Einigermaßen beschwichtigt nahm Frau Siegling sich gleich für diesen Tag vor, im Zimmer des Davidsohn sauberzumachen und aufzuräumen. Sofort nach dem Frühstück begann sie mit der Arbeit.

Auf dem Tisch lagen all diese beschriebenen Zettel. Sie warf einen Blick darauf und wunderte sich, wie ein erwachsener Mensch solch ein wirres Gekritzel nur zustande brächte. Das Bett war ungemacht und weitaus stärker verschmutzt als befürchtet. Auf dem Fußboden Steine, rostige Nägel, weitere Zettel, Scherben, Wurzelhölzer und anderer Unrat. Zuerst öffnete sie das Fenster, fegte dann den Fußboden, kehrte alles zusammen, schaufelte es in einen Eimer und warf es zum Müll. Beleidigt, angeekelt nahm sie die Laken vom Bett. Wie sollte sie das noch waschen?

Als sie neben und unter dem Schrank fegen wollte, stieß sie auf volle Kisten und Schachteln. Was der nur immer vorhatte mit all den Steinen und Ästen? Im Schrank fand sie noch mehr zusammengetragenes Zeug. Sie schüttelte den Kopf, es war ihr eine unerträgliche Unordnung. Sie beeilte sich, alles zu stapeln und zu packen und trug die gesamte Sammlung des Hoddis hinaus zum Schutthaufen. Nachdem sie den

Fußboden gewischt, auch Tisch und Fensterbank geputzt hatte, schloß sie die Schranktüren, strich über das frisch bezogene Bett und verließ das Zimmer, zufrieden mit ihrer Arbeit.

In der Küche traf sie auf ihren Mann, der in der Pause den Schulraum verlassen hatte, um eine Tasse Kaffee zu trinken. Die Frau berichtete ihm, wie sie das Zimmer vorgefunden habe, daß es nun endlich wieder sauber sei; so werde es hoffentlich einige Zeit gehen.

Siegling schaute sie nachdenklich an, nickte ihr zu und meinte: »Ja, wir wollen es hoffen. Vielleicht wird Davidsohn auch bald selber etwas dazu tun. Merkwürdig, daß er so gar keinen Sinn für diese Dinge hat.«

Erst spät am Abend kehrte Hoddis von seiner Wanderung zurück. Er war völlig durchnäßt. Der Abendbrottisch war bereits abgeräumt. Die Sieglings saßen aber noch in der Küche. Sie begrüßten ihn. Er verneigte sich knapp und lächelte ihnen freundlich zu. Hoddis ging sofort in sein Zimmer. Poltern, Stühlerücken, Fußstampfen, das heftige Aufklappen der Schranktüren. Frau Siegling erschrak. Kaum blieb ihr Zeit, zu überlegen, was die Geräusche bedeuten könnten, da betrat Hoddis ruckartig, stürmend und stoßweise atmend den Raum, stand still, bebte sichtlich und rief in die erstaunten Gesichter der Sieglings: »Wo sind meine Edelsteine?«

Eine Antwort wartete er nicht ab. Augenblicklich stürzte er aus dem Haus und lief in den dunklen, regentriefenden Garten. Für einige Stunden ging er zwischen den Beeten eilig auf und ab.

Juli 1916

Sehr geehrte Frau Davidsohn!

Nach einer durch die Geschäftigkeit in der Schule, in Familie und Haushalt verursachten längeren Unterbrechung unserer brieflichen Mitteilungen möchte ich ihnen, gnädige Frau, heute einen kurzen Bericht geben.

Ihr Sohn befindet sich weiterhin, seinen Möglichkeiten entsprechend, wohl. Er sucht gelegentlich die Gesellschaft der Kinder auf dem Schulhof, flieht sie aber, sobald er auf eine ihm unerträgliche Weise angesprochen wird, zum Beispiel hinsichtlich seines alten Anzuges oder seines gedrungenen Körperwuchses.

Er unternimmt fortgesetzt seine Spaziergänge und Wanderungen, sammelt dabei allerlei Dinge, die er in eine für Außenstehende unverständliche Ordnung zu bringen versucht.

Des Nachts geht er häufig für lange Zeit in seinem Zimmer auf und ab. An den Mahlzeiten nimmt er nur unregelmäßig teil. Er scheint damit zufrieden zu sein. Leider konnte ich ihn immer noch nicht dazu bewegen, den Anzug zu wechseln.

Seit einigen Tagen spricht er wieder häufig über Berlin, erwähnt die Namen seiner verschollenen Freunde und verweist mit deutlichem Stolz auf seine Gedichte, die gedruckt worden seien und seine Berühmtheit begründet hätten.

In das Poesiealbum unserer Tochter trug er einen seltsamen Vers ein, den ich nicht zu deuten vermag.

In der Hoffnung auf eine Mitteilung von Ihnen – unserer Vereinbarung gemäß – verbleibe ich mit besten Grüßen

Ihr Emil Siegling

Hoddis schob während der Nächte in seinem Erkerzimmer Tisch und Stuhl auf dem knarrenden Holzboden hin und her. Polternd wanderte er auf und ab. Die Sieglings fanden keine Ruhe mehr. So entschlossen sie sich, ihm ein Zimmer im Erdgeschoß zuzuweisen.

Hoddis stellte den Tisch unter das Fenster. Schon am frühen Morgen, lange vor Schulbeginn, saß er dort und schrieb, rauchte, überblickte den Hof, den angebauten Schulraum, die ansteigenden Wiesen, die Obstbäume und den Kiefernwald, den er während seiner Wanderungen genau kennengelernt hatte.

Hoddis schrieb Zahlen und Wörter, Verse und Anfänge von Geschichten, beschrieb Bogen um Bogen, war vertieft in die Arbeit. Wenn er aber die Kinder hörte, die zum Unterrichtsbeginn erschienen waren, dann stieß er seinen Stuhl zur Seite, verließ das Haus, trippelte über den Hof, hüpfte ein wenig, stand da und wartete auf das Spiel.

Laufen, Fangen. Kinder griffen nach dem Saum seiner Jacke. Hoddis lief, schlug Haken, lief im Kreis. Keine Kinderhand, die ihn hielt. Hoddis lachte laut heraus, erweiterte laufend den Kreis. Die Kinder stoben auseinander. »Der Schnelläufer, der Schnelläufer, der Schnelläufer kommt!«, schrien einige Mädchen, während sie ihn mit fliegenden Röcken und Zöpfen umkreisten, »lauf, Schnelläufer, lauf, fang mich, fang mich doch, Schnelläufer, lauf!«

Und Hoddis lief aus Leibeskräften. Durch sein Lachen und Schnauben, durch das Rufen der Mädchen drang eine andere Stimme, die brüllte von der Seite, brüllte ihn an. »Schnelläufer, wohin? Du fängst ja nichts, Schnelläufer! Sag uns, wie alt du bist?« Hoddis stand ruckartig still. Sein Blick hetzte über den Hof, hetzte über die Kinderköpfe hin. »Achtundzwanzig«, rief Hoddis streng, »Achtundzwanzig!« Blitzschnell verließ er den Platz.

Kinder zeigten und lachten hinter ihm her. Hatte wieder gespurt, der Hoddis. So leicht zu foppen und zu vertreiben. Und immer sagte er »Achtundzwanzig«. Seit wie vielen Jahren schon? Und wie alt er wohl wirklich war?

Im Frühling, wenn der Löwenzahn blühte, auch Ginster an den Hängen und Goldregen in den Hecken gelb leuchteten, ging Hoddis schon früh an den Feldern vorbei, zu den Wiesen, streifte umher, suchte im Gras, stand plötzlich still, lauschte, schaute zum Himmel, bückte sich rasch und fuhr mit der Hand über die Blüten. Gelegentlich pflückte er dann Blumen, die er behutsam zu einem prächtigen bunten Strauß bündelte.

Mit dem Strauß in der Hand ging er zurück, murmelte »Wannsee« und »schenken«, ging bis zum Schulhaus und schaute durchs Fenster. Siegling war noch nicht da. Die Kinder im Klassenraum spielten

Fangen auf Tischen und Bänken. Sie lachten und schrien. Eines der Mädchen legte sich halb auf die Fensterbank und wünschte Hoddis einen guten Morgen. Ganz still stand Hoddis jetzt, grinste, reichte dem Mädchen die Blumen und verbeugte sich tief.

Siegling holte Frau Davidsohn von der Bahnstation ab. Sie war müde von der Reise. Aber schon auf dem Weg zum Hause der Sieglings stellte sie dem Schulrektor Fragen zum Befinden ihres Sohnes. Sie hoffte immer noch auf eine Besserung durch die Ruhe und Abgeschiedenheit des Lebens in Frankenhain. Sie erhoffte nichts mehr von der Einwirkung und den Besuchen der Freunde des Sohnes aus der Berliner Zeit. Und Besserung? Ja, wenn der Sohn doch nur eine Arbeit aufnehmen könnte, irgend etwas, das ihm den selbständigen Lebensunterhalt ermöglichen würde.

Sie war keine Verächterin seiner Gedichte, des Schreibens, des Schriftstellerdaseins überhaupt – mit allen Unwägbarkeiten, die wohl dazu gehören mußten. Aber soweit es ihren Sohn betraf, erschien ihr die Schreiberei ganz und gar heillos. Diese Absonderlichkeit seines geistigen Lebens, die Ausschließung aller Möglichkeiten, einen geachteten Platz in der Gesellschaft der Menschen zu erreichen. Das war für sie nur noch faßbar unter dem Begriff von geistiger Krankheit.

Siegling berichtete einiges aus den vergangenen Tagen. Sie freute sich, zu hören, daß der Sohn die Umquartierung in das Erdgeschoß verständig und ruhig aufgenommen habe. Sie fragte nach seiner Teilnahme an den Mahlzeiten der Familie und erfuhr, daß er neuerdings regelmäßig zum Essen erscheine und sich im Kreise der Familie offenbar ganz behaglich fühle. Allerdings, fügte Siegling hinzu, sondere er sich nach Tisch sofort wieder ab. Entweder ginge er dann auf das Zimmer, um in seinen Fundstücken zu stöbern und Zettel mit unverständlichen Notizen zu beschriften, oder er verlasse mit dem Spazierstock unter dem Arm das Haus zu seiner täglichen Wanderung.

Ja, er, Siegling, wisse eigentlich wenig darüber, was ihr Sohn in seinem Zimmer und draußen treibe, was ihn da beschäftige und wie es ihm dabei ergehe. Gelegentlich würde er durch Berichte der Kinder in der Schule oder durch Bemerkungen der Nachbarn etwas in Erfahrung bringen. So hätte ein Mädchen erzählt, wie Herr Davidsohn ihr einen Strauß Blumen überreicht habe. Eine Nachbarin hätte ihm von einem Vorfall auf der Dorfstraße berichtet. Da sei ein streunender Hund durchs Dorf gelaufen. Hans habe sich ihm vorsichtig genähert, sei dann vor dem Tier auf die Knie gefallen, habe die Mütze gezogen und leise zu dem Hund gesprochen. Die Nachbarin sei zwar in der Nähe gewesen, habe aber kein Wort verstehen können. Ganz aufgewühlt sei Hans ihr erschienen. Und die Nachbarin, na, die habe sich sehr gewundert. Sie habe dann von ihm, Siegling, eine Erklärung erwartet. Da sei ihm aber gar nichts eingefallen.

Frau Davidsohn und Herr Siegling erreichten unterdessen das Schulhaus. Hoddis saß auf der Bank und blickte stumm zum Garten hinaus. Er schien die Ankommenden nicht zu bemerken. Als seine Mutter nun neben ihm stand, verharrte er weiterhin still, lauernd, sprang dann plötzlich auf, reichte ihr, ohne sie anzuschauen, die Hand, verbeugte sich höflich und murmelte scheu »Guten Tag«. Augenblicklich setzte er sich wieder, starrte vor sich hin und sagte nichts weiter.

Die Sieglings baten Frau Davidsohn ins Haus und reichten ihr eine Erfrischung. Sie wollte ein wenig ausruhen. Man zeigte ihr das Gästezimmer. Sie legte sich aufs Bett und fiel in unruhigen Schlaf.

Aufgeschreckt durch ein Klopfen erwachte sie. Wieviel Zeit mochte vergangen sein? Sie fühlte sich matt und zerschlagen. Da sie sich vorgenommen hatte, mit ihrem Sohn einen Spaziergang zu machen, stand sie eilig auf, ordnete ihr Kleid und trat hinaus.

Hoddis saß still auf der Bank. Als er die Mutter sah, ergriff er seinen Stock, erhob sich, hielt den Stock fest unter dem angewinkelten Arm und wartete. Wortlos gingen Mutter und Sohn über den Vorplatz des Schulhauses und weiter durchs Dorf. Die Mutter hatte Mühe, Schritt zu halten. Die hastige Gangart ihres Sohnes, sein Schweigen, sein fliegender Atem, seine gebeugte Gestalt – sie konnte das nicht fassen. Es quälte sie. Und sie war erschöpft. Hatte er ihr nichts zu sagen? Warum war er bereit, mit ihr zu gehen? Was erwartete er?

Sie erreichten den Rand des Kiefernwaldes. Frau Davidsohn bat um eine Pause. Sie setzten sich ins Gras. Hoddis legte den Stock neben sich und streckte sich aus. Er atmete tief und schwer. Die Mutter hockte beklommen neben ihm. Verkrampft stieß sie schließlich hervor: »Hast du es denn gut in der Familie Siegling, Hans?«

»Oh ja, gut, ja doch«, antwortete Hoddis wie im Schlaf.

»Magst du hier sein?«

»Ja, hier herum sein, ich verstehe.«

»Deine Freunde in Berlin haben eine Behandlung vorgeschlagen, eine neue analytische Methode. Du hast sicher davon gehört. In Wien wurde sie zuerst praktiziert. Man spricht schon länger davon; in einigen Fällen soll sie Erfolg gehabt haben.«

Hoddis blies den Atem durch die gespitzten Lippen. Die Mutter wollte die Andeutung gerade zur Frage erweitern, als Hoddis aufbrauste: »Hat Erfolg gehabt, die Methode, haben sie vorgeschlagen. Ich kenne sie nicht. Ja, so ist es hier.«

»Der Vorschlag stammt nicht von mir, Hans. Ich bin vielmehr der Meinung deines Arztes in Berlin. Der hält nichts von dieser Behandlung und vermutet sogar, sie könnte dir schaden.«

»Schaden, wohl, Schaden würde ich wohl nehmen, den ja. Aber wer hat das alles sagen können?«, murmelte Hoddis.

»Mit dem Arzt in Berlin sprach ich darüber. Der riet ab von der Sache, wie ich schon sagte«, wiederholte die Mutter.

»Berlin wäre schon ein Weg. Die Straßen da sind für die Nacht und man findet kein Ende. Es erstaunt, wenn am Morgen Menschen erscheinen.«

»Würdest du also gerne weiterhin hier bleiben?«

»Bleiben – wäre zu lang. Mag schon sein. Fahr du nach Berlin und grüß den Vater und die Brüder. Oder sind sie schon tot?«

Hoddis öffnete die Augen und blinzelte gegen das Licht. Die Mutter war aufgestanden, ging unruhig auf und ab. Er nahm seinen Stock. Sie umwanderten den Kiefernwald und kehrten bald zurück zum Hause der Sieglings. Frau Siegling hatte einen Kaffee vorbereitet. Hoddis setzte sich auf die Bank und rauchte eine Zigarette.

Die Mutter rüstete zum Aufbruch. Herr Siegling brachte sie zur Bahnstation. Auf dem Weg fragte sie ihn, ob er es für möglich halte, daß ihr Sohn gelegentlich an der Gartenarbeit beteiligt würde oder auch mit Botengängen beauftragt werden könnte. Solche Beschäftigung gäbe vielleicht einen gewissen Halt. Siegling versicherte ihr, es mit diesen Vorschlägen versuchen zu wollen. Er würde ihr dann später berichten. Zum Abschied bedankte sie sich bei ihm, versprach die selbstverständliche Fortsetzung der vereinbarten Zahlungen und bestellte noch einen Gruß an die Familie und an ihren Sohn. Dann bestieg sie den Zug und fuhr ab. Siegling stand nachdenklich auf dem Bahnsteig. Solch eine umsichtige und kluge Frau, dachte er, wie sollte das alles nur werden mit ihr und ihrem Sohn Hans?

Hoddis saß rauchend auf der Bank vor dem Haus. Sein Zigarettenvorrat für diesen Tag war fast erschöpft.

Einige Tage nach dem Besuch der Mutter nahm Siegling sich vor, Hoddis zur Gartenarbeit aufzufordern.

Hoddis saß in seinem Zimmer am Tisch über verstreuten Notizen. Einige Zeilen waren zu Versen und Strophen geordnet. Mehr konnte Siegling nicht erkennen. Denn Hoddis verbarg das Geschriebene mit den Armen vor den Blicken des Rektors. Auf dem Fußboden lagen Steine und Scherben. Bei näherem Hinsehen meinte der Lehrer, eine Ordnung zu entdecken, Figuren, Linien, Kreise aus Fundstücken verschiedener Farbe und Größe. Ein hingeworfenes Ornament, ein flüchtiges Bild, das sich im nächsten Augenblick auflöste, neu zusammensetzte oder ganz verlor. Siegling schüttelte den Kopf. Hoddis gab seine Notizen frei, lehnte sich zurück und schaute den Lehrer abwartend an.

Siegling lächelte: »Wollen Sie mir bei der Gartenarbeit helfen, in den Blumenbeeten und auch beim Gemüse ist einiges zu tun? Ich dachte, das wäre eine gute Abwechslung zu Ihrer Arbeit hier?«

Hoddis kniff die Augenlider zusammen, blinzelte, verschränkte die Arme, legte rasch die beschriebenen Blätter zusammen, stand auf, nickte: »Da wollen wir nicht zögern, Herr Siegling.«

Siegling wußte nicht recht, wie ihm geschah. »Wie war das möglich. Hatte doch keiner geahnt. Da hätte man den Hans schon viel früher fragen müssen«, dachte er und schaute ihn ungläubig an, während sie gemeinsam das Zimmer verließen. Auf dem Weg zum Garten erklärte Siegling die bevorstehende Arbeit.

Beim Gemüse müsse dringend das Unkraut gejätet werden. Hoddis nickte. Nachdem Siegling ihm das Beet zugewiesen und ihm gezeigt hatte, wo das gezogene Unkraut zusammengetragen werden sollte, machte der Lehrer sich selbst im Blumengarten zu schaffen.

Hoddis hockte sich hin, beugte sich tief über Erde und Pflanzen und betrachtete die Formen und Farben der jungen Blätter und Halme. Für einige Zeit verharrte er regungslos in dieser Haltung. Dann strich er mit den Fingerspitzen über das frische Grün, berührte die Pflanzen so vorsichtig, als wollte er sie streicheln. Plötzlich aber griff er ein ganzes Büschel, riß Wurzeln mitsamt der Muttererde heraus, hielt das Büschel in die Höhe und rief: »Ist das Unkraut?«

Siegling beeilte sich zu kommen, sah die zerdrückten jungen Salatpflanzen in Hoddis Hand und schüttelte den Kopf: »Hans, das ist kein Unkraut. Das ist Salat, der soll hier wachsen, verstehen Sie das? Der Salat soll den Platz finden, den das Unkraut ihm nehmen würde.«

Hoddis starrte auf das Beet und richtete sich langsam auf: »Aber, wie soll ich entscheiden, welches wo wachsen soll? Das dürfen sie nicht verlangen. Wissen Sie, das ist insgesamt so ein Grün...«

Siegling kratzte sich am Hinterkopf, runzelte die Stirn: »Hans, hören Sie, der Garten ist nicht wie – hm, begreifen Sie doch, alles würde überwuchern, und wir könnten nichts für die Küche ernten.«

Hoddis sagte leise: »Ich verstehe das wohl. Ich versuche ja, zu unterscheiden. Und während ich es mit der

Hand fassen will, verwächst es zu einem Grün. Der Unterschied vergeht mir vor den Augen; und dann reiße ich die Farbe aus dem Bild. – Das geht doch nicht gut. Entschuldigen Sie, mir ist nicht wohl.« Er ging zur Bank und setzte sich, um zu rauchen. Siegling folgte ihm.

Der Lehrer fragte ihn, ob er nicht noch einen Versuch mit der Gartenarbeit machen wolle, fügte hinzu, daß ihm eine Hilfe im Garten wirklich sehr gelegen käme, und er könne ihm auch noch einmal alles erklären. Hoddis schaute Siegling scheu und verstohlen an: »Herr Siegling, ich bin jetzt lieber still.«

Siegling berichtete im Brief an Frau Davidsohn über diesen Versuch im Garten und schrieb weiter: »Es ist schwer zu verstehen, wie Ihr Sohn, das, was er sagt, wohl meinen könnte. Seine Auffassung von allem, die Art, wie es ihm vertraut ist, paßt gar nicht zu dem, was ich ihm dann erklärend sagen müßte. Ich weiß also nicht, wie ich ihm diese Arbeit verständlich machen soll.

Eine gemeinsame Fahrt nach Ohrdruf zum dortigen Rektor der Schule verlief ohne Zwischenfälle. Das Radfahren konnte Ihr Sohn sichtlich genießen. Während meiner Besprechung mit dem Kollegen hat er sich ganz geduldig im Dorf umgeschaut. Er fand sich auch zur verabredeten Zeit wieder ein. Ich hatte noch einige Einkäufe zu machen, und er half mir bereitwillig beim Tragen der Sachen.

Ein Botengang, den ich ihm hier in Frankenhain auftrug, endete allerdings merkwürdig. Ich bat ihn, einen Brief an die Eltern einer Schülerin im Hause der Familie abzugeben. Er soll vor der Tür zu lachen begonnen haben. Er soll so eigenartig schrill gelacht haben, daß ihm niemand mehr öffnen mochte. Sicher neigen die Menschen in einem Ort wie Frankenhain in solchen Fällen zur Übertreibung. Mir wurde jedenfalls berichtet, die Bewohner des Hauses hätten sich vor ihm gefürchtet.

Ihr Sohn hatte seine Aufgabe offenbar ganz vergessen. Er kam, ohne irgend etwas ausgerichtet zu haben, zu mir zurück und fragte mich, was die Leute da nur immer reden würden. Ich verstand ihn nicht. Wie sollte ich ihm also antworten? Und wieder einmal ergab sich kein Gespräch, aus dem ein Verständnis hätte hervorgehen können.

Die Leute im Dorf konnte ich bald beruhigen, so daß der Vorfall keine weiteren Auswirkungen haben wird.

Gewiß werde ich Ihren Sohn gelegentlich auf eine Fahrt mitnehmen. Bis zur nächsten Nachricht verbleibe ich mit den besten Wünschen

Ihr Emil Siegling«

Früh am Morgen hatte Hoddis das Schulhaus verlassen. Er war an diesem Tag einen weiten Weg gegangen, über den Kiefernwald hinaus, bis zum moorigen See, an dessen Ufern er sich besonders gern aufhielt. Unter den Buchen blühten die Windröschen und der Waldmeister leuchtete hellgrün. Hoddis atmete tief und schwer und roch das Moorige und den würzigsüßen Duft der Pflanzen ringsum. Hoddis streckte sich aus. Er schaute in die gelbgrünen Schleier der jungen Buchenblätter. Darüber schlief er ein.

Schatten waren ihm auf der Spur. Gesichtslose flüchtige Gestalten rollten und wehten im nach, wollten ihn fassen. Er floh. Ohne Aussicht. Lief auf der Stelle. Stand versteinert am Ufer des dunklen Sees. Schatten lauerten hinter ihm. Angstschweiß und eisige Kälte auf seiner Stirn. Etwas berührte ihn an der Schulter. Der starre Blick auf das Wasser. Der Sprung. Es galt, in den See einzutauchen, über der Tiefe, über dem Monstrum zu schwimmen.

Zäh, unbestimmt, quälend verging eine lange Zeit. Hoddis rührte sich nicht von der Stelle. Hinter ihm, neben ihm lauerten Schatten; vor ihm drohte der schwarze See. Einer im Traum sprach zum Träumer und gab den Befehl zu erwachen. Die Schatten drängten, wuchsen an, waren kalt. Das Wasser des Sees schien zu steigen. Aus der Tiefe kam eine Bewegung, brodelte. Das Schwarze schlug Wellen. Einer im Traum flehte um sein Erwachen. Hoddis öffnete die Augen und sah das Licht zwischen den Blättern der Buchen. Eine Armlänge zur Linken spürte er eine gesichtslose Gestalt. Er wagte nicht, hinzuschauen. Und er wagte nicht, die Augen noch einmal zu schließen. Kein Traum. Kein Erwachen.

Der Wind in den Blättern war Wispern und Sprechen. Das wuchs in die Ohren hinein. Hoddis lag reglos, wußte nicht sich zu bewegen, traute seinen Armen und Beinen nicht. Er starrte in das Blattwerk der Buchen.

Ringsum spürte er das Wehen der Schatten, spürte genau, in der Nähe waren Heym und der Vater. Sie wollten ihn finden, wollten ihm Zeichen geben.

Kälte durchrieselte seinen Rücken. Hoddis zitterte, flehte, wollte beten, ein Gebet denken und sprechen wie ein Kind. Aber nichts fiel ihm ein. Kein Name, keine Zahl, kein Gott, kein Freund, kein Körper, keine Person, die diesen Klang von Wehen und Wispern in ihm hätte tragen können. War außer sich und konnte zu sich nicht kommen.

Einen tiefen Atemzug lang schloß er die Augen und murmelte: »So gehen sie doch, hören sie auf, bitte, beenden Sie dieses Gebrumbel.«

Lichtspiel zwischen den Blättern der Buchen. Tanz von Licht und Schatten auf den Baumstämmen und auf dem Boden des Waldes. Gleißendes auf gewelltem See. Hoddis rollte zur Seite, raffte sich auf, wankte, stemmte sich mit dem Rücken fest gegen einen Baum, öffnete die Lippen und murmelte erneut: »Bitte, beenden Sie dieses, ich bitte Sie, dieses Gebrumbel.«

Er fand die Formel nicht. Die Reihenfolge der Wörter verwirrte sich: »Schluß mit dem Gebrumbel, muß sich doch einer erbarmen.«

Er hob den Kopf und rief in den Himmel um Vergebung der Sünden. Das grelle Licht schreckte ihn.

Er richtete seinen Blick auf den Boden, ging einige Schritte, taumelte, stieß auf einen Ameisenhügel. Er fiel auf die Knie, faltete die Hände und bat um Hilfe, um freundliche Aufnahme im Wald. Nachdem er wieder aufgestanden war, verbeugte er sich mehrmals vor dem Ameisenvolk und verabschiedete sich höflich, indem er den Tieren dankte, vor ihnen die Mütze abnahm und ihnen zuwinkte. Er trat einen Schritt zurück, wandte sich zur Seite und ging. Im Gehen spürte er endlich wieder die Festigkeit und die Bewegungen seines Körpers. Das Gebrumbel war still. Die Gestalten ruhten.

Hoddis hörte den hellen Ruf des Pirols. Eilig verließ er den moorigen See und gelangte nach kurzer Zeit auf den Weg zum Steinbruch hinunter. Am Abhang blühte der Weißdorn, wuchs Birkengebüsch, Goldregen kurz vor der Blüte und auch gelber Ginster. Eine Lerche stieg singend auf. Hoddis erreichte die Sohle des Steinbruchs und ging hinüber zur schroff abfallenden Wand. Am Fuße der Wand fand er den ihm vertrauten Platz bei einem großen Stein. In der Umgebung des Steines wußte er die grün, violett, blau und schwarz schimmernden Bruchstücke, deren Formen, Farben und Glanz er schon seit langem genau untersuchte. Er nahm auf, was in Reichweite war. In der Hand hielt er einen dunkelgrünen Stein, einen faustgroßen Tropfen. Einige kleinere Stücke verstaute er in den Taschen seiner Jacke.

Hoddis schlug seine Kladde auf. Er notierte »Pirol« und »Ginster« und »gelb, – entfernt sein vom Grellen.

Ein Gedicht auf gelb und weiß. Soll das Auge nicht schrecken.« Er musterte den steinernen Tropfen und schrieb: »Jedes Wort ein Ton, der sich hält.« Hoddis reckte den Hals und lauschte. Er blickte hinüber zum Abhang. Schrieb: »Besser – der Ginster selbst, das Gelbe, das Weiße, der Weißdorn, der Ruf des Pirols. Da wird die Farbe schon laut.« Hoddis stutzte, schaute auf und bemerkte auf dem Weg am Hang uniformierte Gestalten.

Sie näherten sich seinem Platz. Es waren Soldaten. Sie trugen Gewehre. Der erste rief Hoddis an. Hoddis sah, daß sich der Mund des Soldaten bewegte. Aber erst, als die Männer vor ihm standen, hörte er undeutlich Wörter wie »Spion« und »feindlich«. Hoddis blieb still, hockte regungslos auf seinem Stein. Der Anführer rief erneut. Klang nach Befehl. Hoddis rührte sich nicht. Da schlug ihm der Soldat ins Gesicht. Hoddis taumelte, fiel zu Boden und krümmte sich. Über ihm stieg die zerklüftete steinerne Wand, und darüber wölbte sich Blau.

Währenddessen hatte sich unbemerkt ein alter Mann genähert. Nun trat er heran und beugte sich zu Hoddis hinunter. Der erkannte ihn. War der Holzsammler, den er auf dem Weg zwischen Waldsee und Steinbruch häufig traf, dem er oft von seinem Geld gegeben hatte, obwohl Siegling immer wieder gemahnt hatte, nicht alles zu verschenken. Hoddis mochte den Alten. Hörte ihn jetzt zu den Soldaten sprechen, hörte »Schnelläufer« und »Hans Davidsohn ist das. Der ist, möchte mal sagen, ein harmloser Mensch. Oft hier im

Wald, häufig am See, da drüben. Hab ihn auch heute schon da gesehen. Aber der Hans hat fest geschlafen. Ist immer sehr scheu. Ein armer Kerl.«

Der Wortführer der Soldaten äußerte erneut den Verdacht, der Kerl da sei womöglich ein feindlicher Spion. In Kriegszeiten sei mit allem zu rechnen.

Der Alte erwiderte höflich, es sei zwar Krieg, immer noch, und schon im dritten Jahr, aber der Hans hätte damit nichts zu tun, würde wahrscheinlich vom Krieg gar nichts wissen. Der sei krank, geistesgestört. Sie sollten ihn doch lieber nicht schlagen. Er wohne drüben im Dorf, zur Pflege, beim Schulrektor Siegling. Der Hans Davidsohn sei in der Gegend als Schnelläufer bekannt, sei meistens sehr freundlich, würde höflich grüßen und verschenke sein Geld.

»Spion? Der Hans? Niemals.« Sie sollten ihn doch nur in Ruhe lassen. Und auch den Schulrektor könnten sie fragen.

Hoddis, immer noch liegend am Fuße der Wand, sah die Soldaten, sah den Holzsammler, sah ihre Gesichter, spürte das Mitleid des Alten, spürte Faust und Kolbenhieb, sah dieses Grinsen, dieses feindliche Flackern. Langsam stand er auf und verneigte sich tief, zog seine Mütze vor dem Alten und wandte sich ab.

Da schrillte das Lachen der Soldaten. Scherzend verließen sie den Steinbruch. Der Holzsammler schaute Hoddis kopfschüttelnd nach.

Hoddis eilte über die Dorfstraße, vorbei an der Schmiede, am Haus des Bäckers vorbei, dem Dorfplatz entgegen. Vor der Bank unter der Linde spielte ein Mädchen mit einem kleinen Hund. In der Hand hielt sie einen Stock, mit dem beschrieb sie Kreise und Figuren in der Luft. Der Hund umtanzte das Kind und sprang und schnappte nach dem kreisenden Stock. Der Stock tanzte über der Schnauze, tanzte über dem Rükken, der Hund immer wilder – schnappte und kläffte und drehte sich wirbelnd im Kreis.

Hoddis näherte sich mit schnellen Schritten dem lachenden Mädchen, dem kläffenden Hund. Seine Lippen bebten, die Augen, starr auf den Stock gerichtet, flackerten. Er stand, er stampfte, er drohte mit erhobener Hand, brachte kein Wort heraus, ergriff den Arm des Mädchens, entriß ihr den Stock und schleuderte ihn über den Platz. Vor Schreck und Angst schluchzend floh das Kind zu einem der nächstliegenden Häuser.

Hoddis sank auf die Knie, Tränen standen ihm in den Augen, behutsam legte er seine Hand auf den Kopf des Hundes, er streichelte ihn, murmelte Worte des Bedauerns in das Hundegesicht, murmelte Entschuldigung über Entschuldigung und versank in Trauer um die vermeintlichen Leiden des Tieres.

Das Fenster eines Hauses wurde geöffnet. Im Rahmen erschien eine Frau, die schimpfte und zeterte, ihn einen gefährlichen Nichtsnutz nannte, ihn aufforderte zu verschwinden. Sie drohte ihm mit dem Gendarm, den sie herbeirufen würde, sie drohte ihm mit erhobener Faust und mit heftiger Stimme. Aus Trauer und Traum gerissen, sprang Hoddis auf und lief von der

Dorfstraße weg. Zum Feldweg zwischen Äckern und Weiden.

Die Familie Siegling wartete an diesem Tag vergebens auf ihren Pflegling. Hoddis erschien weder am Mittagstisch, noch fand er sich, wie es seine Gewohnheit war, am Nachmittag im Schulgarten ein, um lang ausgestreckt im Gras unter der Birke zu ruhen.

Auf seiner Flucht weg vom Dorf las er an einer Wegkreuzung den Namen der 40 Kilometer entfernten Stadt Erfurt. Der Name war ihm gleichbedeutend mit Baumgardt, dem Freund aus Berlin, der, so konnte Hoddis sich erinnern, in Erfurt bei seiner Familie in der Hochheimer Straße wohnte. Die Mutter hatte ihm von Baumgardts Rückkehr aus dem Krieg berichtet. Baumgardt im Krieg. Baumgardt in Uniform. Baumgardt, der ihn einmal bereits für einige Tage aufgenommen, der ihm gut zugeredet hatte. Hoddis ging, lief, ging im Schnellschritt. Fuhrwerke kamen heran, rollten an ihm vorbei. Die Leute, die schon von der Feldarbeit heimfuhren, betrachteten den Voranhastenden mißtrauisch, ängstlich. Hoddis nahm flüchtig ihre Blicke wahr, sie trieben ihn an zu immer größerer Eile.

Das Abendrot verging am Horizont. Die Wolkenränder erschienen als glühende Schlangen. Der Raum unter den Wolken durchstrahlt, hell, weiß, sichtbar die Grenze des Lichts. Dämmerung sank still.

Die Füße, die Beine – schwer. Hoddis spürte nicht Hunger, nicht Durst. Er dachte: Stadt, er dachte: Baumgardt, er dachte: Freund, du öffnest dem Hoddis die Tür, der Hoddis kommt, der, den die Wand so schreckt, daß er bei näherem Hindenken schon nicht mehr Atem findet. Er dachte: Baumgardt und: Atem – und: Wand – und: laß auf dem Dorfplatz nicht spielen; und er schlief erschöpft am Waldrand im hohen Gras.

Als er erwachte, umsurrten ihn Fliegen. Jetzt streckte er seine Glieder, jetzt fühlte er Atem, jetzt roch er am Gras und spürte auch Nässe vom Tau. Über ihm weitete sich der Himmel, dem er sich lachend entgegenreckte, zu dem er jetzt gehören konnte, kein Wort störte den Scherz, den er im Geiste vernahm, das Bodenlose um ihn und das hörbare Atmen der Erde. Er dachte: weiter – und war auf der Straße und lief.

Gegen Abend klopfte er an die Tür. Baumgardt öffnete.

Baumgardt sah eine gedrungene abgerissene Gestalt, sah ein gedunsenes Gesicht.

»Du, Hoddis!« Hoddis lachte, froh. Hatte ihn erreicht, den Freund aus dem Krieg, aus dem Krieg gekommen, hatte die Mutter gesagt. Er wollte eben in den Flur des Hauses eintreten. Da hatte Baumgardt sich gefaßt. »Du bist zu Fuß gekommen, sicher, den weiten Weg, du bist müde, hungrig, beides, denke ich, Hoddis. Die ganze Familie ist im Haus, mußt du wissen. Du kannst etwas essen, und dann werde ich dir ein Zimmer bestellen in einem Gasthof in der Hochheimer Straße. Da werden wir uns sehen und vielleicht auch lesen, was du geschrieben hast.«

Hoddis schaute in den Flur, schaute am Freund vorbei, ein wenig beiseite. Er nickte. Baumgardt führte ihn in die Küche und setzte ihm Essen vor. Während

Hoddis hinunterschlang, was er bekam, schauten die Schwestern des Freundes mit entsetztem Blick zur Küchentür herein, verschwanden sofort wieder und ließen sich nicht mehr sehen.

Im Gasthof war eine Dachkammer frei. Hoddis war müde, legte sich auf das Bett und schlief bald ein. Der Freund saß am Tisch und betrachtete das schlafende Gesicht, das leichte Beben der Lippen, das Heben und Senken der atmenden Brust. Das war also Hoddis. Baumgardt sah die versammelten jungen Dichter im Café des Westens, sah Hoddis auf der Bühne beim Vortrag seiner Gedichte, sah die Gesichter Loewensons, Hillers und Heyms. Und er sah Bilder des Krieges, und er wußte, nichts davon, nichts vom Krieg hatten sie damals vorweggenommen in ihren Gedichten. Auch wie es wirklich gewesen war, wußte er jetzt schon nicht mehr.

Als Baumgardt am folgenden Tag die Dachkammer betrat, saß Hoddis lächelnd über großen Blättern und schrieb. Ein Blick auf das Papier erfüllte Baumgardt mit Schauder. Er sah lange Zahlenreihen, versprengt zwischen den Ziffern einige Wörter. Er erkannte »Freund« und »Gedicht« und »Wut« und »Die Drei oder die Sieben«. Hoddis teilte ihm mit, das hier sei Spitzenmathematik, er würde nahe daran sein, die Rätsel des Lebens, des Spiels und des vollkommenen Gedichtes zu lösen. Mit dieser Methode bliebe auf Dauer nichts verborgen. Der Hund sei ein Hund und als Wesen unüberbietbar. Die Blume, die Schönheit der Blume in einer endgültigen Formel darzustellen, das sei ein wirkliches Glück. Und er fügte hinzu: »Es gibt dieses Leben, von dem manche behaupten, nur im Ungebundenen sei es erahnt. Es ist Schmerz – darüber hinaus, Baumgardt, Schmerz, der sinnvoll ist und hintreibt, wo weder Ahnung noch Zahl etwas hält. Aber bis dahin gilt es, sich durchzuarbeiten. Manchmal scheint mir, das Werk sei bald vollendet.« Außerdem schreibe er an einem Stück mit dem Titel »Der Tod Georg Heyms«. Er komme gut damit voran.

Baumgardt nickte. Hoddis blinzelte ihm zu. Baumgardt ging im Zimmer auf und ab und wußte keinen Rat, und ihm war, als würde der Boden unter ihm schwanken.

So lebte Hoddis einige Tage in der Dachkammer des Gasthauses in der Hochheimer Straße. Baumgardt besuchte ihn täglich. Einmal redete ihn Hoddis eindringlich an und sagte: »Das ist es, das ist die Frage, sich selbst zu sehen, sich wiederzufinden, sich selbst des Nachts, in einem Gebüsch, als Nachtigall, im Park, im dunklen alten Park einer Anstalt.«

Beim letzten Besuch wurde Baumgardt begleitet von Hoddis jüngerem Bruder. Hoddis schien weder den Bruder zu bemerken noch verabschiedete er sich von Baumgardt. Dem Gastwirt, der im Flur unten bei der Treppe stand und seinem seltsamen Gast hinterherschaute, winkte er freundlich zu. Im Auftrage der Mutter brachte der Bruder Hoddis zurück zu den Sieglings.

Durch Briefe Sieglings und Baumgardts erfuhr die Mutter von den Ereignissen dieser Tage. Im Bericht des Herrn Siegling spielte der Angriff auf das Mädchen eine besondere Rolle. Siegling machte deutlich, daß vergleichbare Auftritte – bei allem Verständnis für das außerordentlich Schwierige und geradezu Geheimnisvolle des Hoddis – von den Bewohnern des Ortes, der als Luftkurort auf eine ungestörte und friedliche Stimmung durchaus angewiesen sei, nicht geduldet werden könnten. Das plötzliche unerklärte Verschwinden und auch die zunehmende Unsauberkeit des Pfleglings seien insbesondere für seine Frau und die Töchter kaum noch erträglich.

Baumgardt andererseits und gemeinsam mit ihm auch Guttmann und Loewenson fragten die Mutter noch einmal, ob nicht die Anwendung neuer, erfolgversprechender Heilmethoden versucht werden müßte, um ein endgültiges Versinken und geistiges Sterben ihres Freundes zu verhindern. Sie verwiesen auf die Notwendigkeit der Bearbeitung der Kindheitserinnerungen, auch der Beziehung zur Mutter selbst, denn gerade das hätte einer Reihe von Patienten im Verlaufe der Anwendung der analytischen Methode Erleichterung oder gar Heilung verschafft. Sie selbst könnten allerdings nicht sicher sein, ob das Krankheitsbild des Freundes all dem noch zugänglich sei.

Frau Davidsohn war durch die verschiedenen Mitteilungen so beunruhigt, daß sie den Wunsch hatte, mit dem Psychiater zu sprechen, der in Berlin die ersten Untersuchungen und Behandlungen ihres Sohnes vorgenommen und überwacht, der ihr auch den Rat erteilt hatte, der später zur Unterbringung in der Pflegefamilie geführt hatte. Sie fragte ihn nach den Vorschlägen der Freunde. Sie wollte von ihm wissen, was er über die neuen Methoden aus Wien denke, und ob es da einen Weg gäbe für ihren Sohn.

Der Arzt hatte seine Antwort schnell bereit. Der Patient trage zwar noch Bücher wie Augustinus Confessiones in seiner Rocktasche, nur werde er sicher nie mehr in der Lage sein, solche Lektüre zu genießen oder gar zu verstehen. Tatsächlich sei ihm nicht bekannt, daß eine alte oder neue Methode den vorliegenden Verlauf einer Schizophrenie aufzuhalten vermöchte. Der aufwendige Versuch der vorgeschlagenen Behandlung erscheine ihm ganz aussichtslos. Dem Patienten sei für die weitere Zukunft nur der Aufenthalt in der Pflegefamilie oder in der Heil- und Pflegeanstalt für chronisch Kranke zuträglich.

David Baumgardt, Erinnerungen, 1958

[...] Frau Davidsohn und ein Psychiater kamen [...] in diesen bäuerlichen Luftkurort mit einer großen Wiese am Lehrerhaus. Ich glaube, der Name des Ortes war Frankenhain bei Gräfenroda. Weder Guttmann noch ich wollten den Zustand unseres Freundes als hoffnungslos ansehen. Ich war schon 1910 in Wien durch den Philosophen Heinrich Gomperz, einen Freund Freuds, auf die Psychoanalyse aufmerksam gemacht worden, und wir alle hofften, daß die neue Heilmethode auch auf dementia praecox angewandt werden könnte. Der praktizierende Freudianer Ernst Simmel sagte mir noch um 1926, daß er diese Hoffnung teilte. Guttmann drang deshalb besonders darauf, daß Hoddis' Kindheitserinnerungen und Beziehungen zu seiner Mutter analysiert werden sollten. Aber der konservative Psychiater erklärte das für nutzlos. [...]

Doris Davidsohn an David Baumgardt, 1919

»Sehr geehrter Herr Doktor,

längst wollte ich Ihnen meinen wärmsten Dank sagen für alles, was Sie für meinen armen Sohn getan haben; ich war aber von den durch sein Verschwinden verursachten Erregungen sehr herunter und konnte mich zu nichts aufraffen. Auch heute bin ich noch sehr unruhig über seinen Zustand und bedaure sehr, nicht nach Erfurt gekommen zu sein. Es ist eine große Erleichterung für mich, von guten Menschen zu wissen, die mit Verständnis und Güte das schwere Los meines Hans ansehen, und mit denen ich über ihn sprechen kann. Ich bitte Sie, auch Herrn Dr. Schulze meinen besten Dank und Gruß zu bestellen. Vielleicht weiß einer von Ihnen eine bessere Pflegestelle; denn ich bin auch der Ansicht, daß seine jetztigen Pfleger zu beschränkt und zwar ganz gutmütig, aber nicht gütig genug sind. Ich weiß nur keine anderen; und gegen eine Anstalt scheint er ja eine unüberwindliche Abneigung zu haben. Mein Sohn Ernst schreibt mir nun, Sie wüßten einen tüchtigen und menschlichen Nervenarzt, den man zu einem Gutachten kommen lassen könnte. Wenn Sie mir den nennen und mich ihm empfehlen könnten, wäre ich Ihnen sehr dankbar; der könnte ja eventuell auch einen Rat für die Unterbringung geben.

Es ist immer mein Wunsch gewesen, die Pflege von Hans selbst zu übernehmen; da ich aber jetzt keine Häuslichkeit habe, sondern bei meiner Tochter wohne, müßte ich wohl

normalere Zeiten abwarten, um mir wieder ein Heim gründen zu können; auch haben die Ärzte mir stets abgeraten. Es hat mich sehr gefreut, zu hören, daß wir Gesinnungsgenossen sind.
Mit Zionsgruss und Schalom
Ihre Doris Davidsohn«

Frau Siegling war krank geworden. Sie ertrug es nicht mehr, mit Hoddis an einem Tisch zu sitzen und ihn beim Essen zu sehen. Sie bekam keinen Bissen herunter, solange er in der Nähe war. Sein Geruch verursachte ihr Übelkeit. Ihr Gesicht war grau, hager und eingefallen, sie fühlte sich ständig matt und zerschlagen.

Siegling hatte das einige Zeit beobachtet, hatte immer wieder auf Veränderungen im Verhalten des Pfleglings und auf eine Besserung des Zustandes seiner Frau gehofft. Aber nichts war geschehen. Das Leben im Hause schleppte sich angespannt und öde dahin. Hoddis sprach nicht mehr und reagierte auf jede Ansprache mit Wut oder diesem merkwürdigen Lachen. Und der Frau ging es zusehends schlechter.

Auch Doris Davidsohn war die Unterbringung ihres Sohnes bei den Sieglings schon länger nicht mehr recht. So kam man überein, daß eine neue Pflegestelle zu suchen sei. Die Gastwirtsfamilie Dieterle in Tübingen, die der Tochter Marie aus ihrer Studienzeit bekannt war, fand sich bereit, den Pflegling aufzunehmen.

Als Hoddis aus dem Hause der Sieglings abgeholt wurde, standen alle auf dem Hof. Niemand sprach, und keiner mochte die anderen auch nur anschauen. Die Frau wagte nicht, ihre Erleichterung zu zeigen; die Tochter verbarg einen Schmerz; und Siegling hatte große Mühe mit seinem schlechten Gewissen. Hoddis hielt einen kleinen Koffer in der einen, seinen Stock in der anderen Hand. Er ging voran, während sein Bruder ihn über den Hof führte, zur Pforte hinaus und weiter zum Wagen, der sie zur Bahnstation bringen sollte. Niemand bemerkte, daß er, während er den Wagen bestieg, sich für einen Augenblick zum Schulhaus umschaute, zur Bank neben der Tür und zu der Familie, die davor stand und die Abfahrt erwartete.

Als er nun endgültig das Haus verlassen hatte, ging Frau Siegling hastig daran, das Zimmer zu reinigen. In der Zimmerecke, unter dem Bett und im Schrank entdeckte sie Stöße beschriebenen und beschmutzten Papiers. Stapelweise ergriff sie die von Hoddis mit Zahlenreihen, Notizen, Gedichten und Buntstiftzeichnungen bedeckten Blätter, um sie in den Küchenofen zu schaffen. Rastlos verbrannte sie alles.

Krankenakte No. 262, Univ.-Klinik für Gemüts- u. Nervenkrankheiten Tübingen

[...] Bei Rektor Siegling ging es dann aber nicht mehr. Zeitweise beschäftigte er sich mit Zeichnen und Rechnen. Die Zeichnungen sind primitiv-kindlich, die Rechnungen unsinnig.

Fabrizierte zeitweise ganze Stöße von kindlich-primitiven Zeichnungen. Daneben bedeckte er große Papierbögen von oben bis unten mit Zahlen.

War meistens gut zu haben. Zeigte eine große Ehrerbietung vor Hunden. Grüßte alle Hunde und auch andere Tiere durch Hutabnehmen. Hat neulich ein Mädchen, das einen Hund an der Leine führte, geschlagen. Stieß auch Drohungen gegen die Nachbarsleute aus. Aus diesem Grund von der Polizei festgenommen und auf die Klinik gebracht. Pat. soll sogar mit Schießen gedroht haben. Die Drohungen seien aber nicht ernst zu nehmen.

Krankengeschichte des Davidsohn, Hans,
geboren den 16. Mai 1887 in Berlin
Wohnort: Tübingen
Aufgenommen am 13. Juni 1927, 9 Uhr vormittags
Entlassen am 4. Juli 1927 Wohin? N. Göppingen
a) nicht geisteskrank
b) geheilt
c) gebessert
d) ungeheilt
Gestorben am ...19
Überführung beantragt am...19
Familienstand: ledig
Verpflegungsklasse: 1
Glaubensbekenntnis: israel.
Kostendeckung: Mutter
Stand oder Beruf: Schriftsteller
Frühere Anstaltsbehandlung:
Adresse der nächsten Angehörigen (bzw. des gesetzlichen Vertreters): Mutter Frau Dr. Doris Davidsohn, geb. Kempner, Berlin, Zehlendorf-Nord, Eitelfritzplatz 12
Art der Aufnahme:
a) freiwillig

b) durch die Angehörigen veranlaßt: Mutter
c) oberamtlich
d) zur Beobachtung eingewiesen: Polizeidirektion Tübingen

1. durch Beschluß welchen Gerichts?
2. in Rentenangelegenheiten?
Klinische Diagnose: Hebephrenie (Endzustand) [...]
Aufnahme:
Name: Davidsohn, Hans, 40 Jahre
Angaben der Mutter, Frau San. Rat D. aus Berlin
Vater im Alter von 65 Jahren an Zuckerkrankheit gestorben.
1 Bruder im Felde gefallen.
3 Geschwister gesund.
Sonst in der Familie keine Geisteskrankheiten.
War ein Zwilling. Von jeher klein und etwas dürftig. War dabei aber ziemlich muskelkräftig. Der andere Zwilling ist totgeboren. War sehr begabt. [...]
Machte keine Examina. Galt als geistig sehr bedeutend. Verkehrte in bestimmten Berliner Zirkeln. Dichtete unter einem Pseudonym Jakob v. Hoddis. Die Gedichte wurden im Sturm und in der Fackel veröffentlicht. Sein bester Freund sei Kurt Hiller gewesen. [...]
Auf Anraten eines Nervenarztes hierher nach Tübingen. War aber dann nicht in die Klinik zu bringen. Seit 6 Jahren hier bei einem Ehepaar Dieterle, Sophienstraße 2.

Angaben der Gastwirtin Frau Dieterle:
Lebt bei dieser seit 7 Jahren. Harmlos, untätig, sonderbar. Beschäftigte sich mit Zeichnen. [...]

Name: Davidsohn, Hans. (Jakob van Hoddis)
Ward heute morgen von der Polizei wegen Gemeingefährlichkeit eingeliefert. Soll seit sieben Jahren hier in Tübingen wohnen und in der letzten Zeit Einwohner bedroht und auch tätlich angegriffen haben.
Läßt sich ohne Widerstreben auf die geschlossene Abteilung fahren. Verhält sich ganz ruhig. Ist in einem recht verwahrlosten Zustande. Schmutzig, schlechte Wäsche. Schlecht gewaschene Hände, schmutzige Fingernägel. Riecht stark nach Tabakrauch. Schlecht rasiert.

Angaben des Pat.:
Er sei heute morgen beim Aufstehen überfallen worden und mit Gewalt ins Auto gesteckt und hierher gebracht worden. Er sei Schriftsteller bei allen besseren Zeitschriften und nebenbei Privatdetektiv. Der Überfall sei eine ganz typische Sache, die ihm in seiner Praxis schon öfters begegnet sei. In Tübingen sei es unmöglich, Manuskripte zu verfassen. Deshalb habe er in der letzten Zeit nicht mehr geschrieben. Die Bevölkerung in den Wirtschaften sei ganz hysterisch, es werde alles verschrubbelt. Er komme nicht durch die Wirtschaft hindurch. Es sei so eine schrobble Wirtschaft. 1918 sei ein Band gesammelter Gedichte von ihm erschienen und von namhaften Persönlichkeiten, Kerr etc. rezensiert worden.
Von der Polizei sei es eine philiströse Bosheit, eine kommune Gemeinheit, ihn zu überfallen ein solches Gebrumbel.
In der letzten Zeit habe er nichts zu Hause gemacht. Er habe nur nachgedacht über die (Eiligkeit) von Tübingen. Im übrigen sei es eine philiströse Ansicht, wenn man von

einem Schriftsteller verlange, daß er sich mit etwas bestimmtem beschäftige. Er befasse [...] sich mit Spitzenmathematik. Es sei ziemlich schwer, unter den Verhältnissen eine großzahlige Vorstellung zu erreichen. Auch habe man den ganzen Tag zu tun, daß man nicht überrannt werde.
Spitzenmathematik sei die Mathematik, die sich mit den Gesetzen der Spitze beschäftige. Er finde das sehr interessant. Die Spitzenmathematik sei seit Jahrzehnten schon bekannt. Daß er jemand bedroht habe, das sei eine vollständige Lüge und Gemeinheit. Er habe sich nur verbeten, daß man dauernd seine Bude berenne. Durch philiströse, ludenhafte, hysterische Ungezogenheiten werde er belästigt, durch ungeschicktes unnormales Benehmen. Durch rücksichtsloses Benehmen gegen ihn als Schriftsteller. Schlechtes hysterisches Benehmen zu Hause und rüdes Benehmen außerhalb, dagegen habe er sich zu verwahren. Beschwert sich dann noch über die »Kleiderordnung« der »dirigierenden wirtschaftlichen Personen«. D. h. darüber, daß seine Hauswirtin ihm gelegentlich vorschreibe, was er anziehen müsse. Immer wieder beklagt er sich über die hysterische Philistrosität der Bevölkerung. »Hysterie ist eine geistige Erkrankung, die sich auf Grund von Einbildungen, die sich verstandesgemäß nicht rechtfertigen lassen, eine geistige oder körperliche Tatsache realisiert, die der Vernunft nicht entspricht.«
»Philistrosität ist dasjenige Verhalten, das zu ungefällig gegen freidenkende oder denkende oder elegante, was stört, im Grunde störende Verhalten, was gebildeten menschlichen Begriffen nicht entspricht.«

Worin die Ungefälligkeiten und das (rüde) Benehmen der Bevölkerung bestehen, ist nicht recht aus dem Kranken herauszubekommen. Spricht noch von »Ausbeuterei«, von »gemeinem Herumlaufen als Subalterner«.
Macht im Ganzen einen harmlosen Eindruck. Hat aber dazu ein gehobenes Selbstbewußtsein. Spricht von oben herab in einer geschraubten, manierierten Sprache. Hinter dieser Fassade offenbar nicht viel mehr erhalten. Liegt lässig hingegossen im Lehnstuhl und hört gnädig auf die Fragen des untersuchenden Arztes. Da der Kranke äußerst schwerhörig ist, ist die Verständigung sehr erschwert. Am besten geht die Verständigung noch schriftlich vor sich. [...]

19.6.1927
Körperlicher Befund: Klein und zierlich gebaut, dabei aber recht kräftig entwickelt, deutlich hervortretende Muskulatur. Starke Körperbehaarung. Genitalbehaarung normal. Sehr schlechte, schlecht gehaltene Zähne. Innere Organe und neurologisch: (unl.)

4.7.1927
Nach Göppingen überführt.

Göppinger Krankenpapiere
Nr.:
Name: Hans Davidsohn
Ort, Tag und Jahr der Geburt: Berlin. 16.5.1887.
Wohnort: Tübingen
Beruf: Schriftsteller Zivilstand: ledig Religion: israel.
Aufgenommen: 4.7.27

Entlassen: 29.9.33 Als: ungebessert
Diagnose: Schizophrenie. Schizophrener Endzustand.

4.7.27
Kommt in Begleitung eines Wärters von der Psychiatr. K. Tübingen. Reise o. B. Bei der Aufnahme ruhig u. geordnet. Hört sehr schwer, wodurch die Unterhaltung sehr erschwert wird. Verlangt ein Differentialparallelogramm. Geht willig mit auf den Neubau.

Ärztlicher Bericht, Tübingen, 1.7.1927
Anamnese:
[...] 1912 zum ersten Mal deutliche Zeichen geistiger Erkrankung. Pat. wurde plötzlich sehr religiös. Geriet in die Hände katholischer Kreise und hatte die Absicht, zur katholischen Kirche überzutreten. Er soll damals stundenlanq vor Heiligenbildern gelegen sein. Nebenher entwickelte sich eine zunehmende feindselige Einstellung gegen die Mutter. Pat. wurde immer mißtrauischer. Er zog sich immer mehr in sich zurück, sprach wenig, war in seinem äußeren Verhalten immer sonderbarer. Am 31.10.1912 kam er in die Privatheilanstalt Nicolassee bei Berlin. Er zeigte dort ein sehr überhebliches, selbstbewußtes Wesen, sprach sich in äußerst despektierlicher Weise über seine Angehörigen aus. Im Gedankengang und in der Stimmungslage war er sprunghaft. Er brachte konfuse und unsinnige Ansichten über weltanschauliche und religiöse Fragen vor. Seine Aussprache war manieriert. Er zeigte Stereotypien und grimassierte. Aus der Anstalt ist Davidsohn im Dezember 1912 entwichen. [...]

Eine Zeit lang in Frankenhain in Thüringen, zuletzt 7 Jahre lang in Tübingen. In dieser Zeit hat er sich damals als ein harmloser, verschrobener, autistischer und untätiger, für die Umgebung uninteressierter Kranker gezeigt. [...]
Lebt stumpf dahin. Zeigt, soweit er genügend zu essen und zu rauchen hat, eine zufriedene Miene. Die Verständigung mit dem Kranken ist durch große Schwerhörigkeit sehr erschwert. Spontan spricht Pat. so gut wie nie, er antwortet nur auf Befragen. Mit Selbstgefälligkeit in herablassendem Ton erzählt er dann von seinen schriftstellerischen Leistungen; spricht davon, daß er sich außerdem mit »Spitzenmathematik« beschäftige und schimpft über die »hysterische Philistrosität« und die »ludenhafte Ungezogenheit« der Tübinger Bevölkerung, die ihn als Schriftsteller nicht genügend respektiere und in Ruhe lasse. Irgendwelche näheren Angaben macht Pat. nicht. Er bewegt sich nur in ganz allgemeinen verschwommenen Ausdrücken.
Diagnose: Hebephrenie Endzustand.
gez. Dr. Heidenreich. Assistenzarzt der Universitätsklinik für Gemüts- und Nervenkrankheiten.

6.7.27

Der Rapport mit dem Kranken ist infolge seiner hochgradigen Schwerhörigkeit kaum herzustellen, zumal er auch in schizophrener Weise absperrt u. überhaupt nicht angeredet sein will. Auf Aufforderung des Ref. hin, einen Lebenslauf zu schreiben, meint Pat. mit morosem Gesichtsausdruck u. unter mißbilligendem Kopfschütteln: »Mich sollte man als Schriftsteller schon längst kennen, es ist unnötig, daß ich da noch etwas verfasse.«

Bittet Ref. dringend um eine Zigarette, strahlt vor Vergnügen nach deren Erhalt, läßt sich aber zum Weiterreden nicht bewegen. Begrüßt die Mitkranken auf der Abteilung unter devoten Verbeugungen, so daß sich diese, namentlich ein anderer Jude, über ihn lustig machen. Sonst fehlt ihm aber der affektive Rapport zu seiner Umgebung vollständig. Ausgesprochener Autismus. In seinem Äußern u. seiner Kleidung hochgradig verwahrlost, alte, schmutzige, zerrissene Unterwäsche, durchlöcherte, abgeschabte Anzüge.

16.7.27
Hat sich auf der Abteilung gut eingewöhnt, ißt mit den andern Kranken im Speisesaal, bleibt aber sonst immer für sich, schreibt u. liest, ist ganz autistisch, aber völlig harmlos. Ißt sehr viel, möchte immer rauchen, hat Vorliebe für Tiere, die er unter komischen Verbeugungen begrüßt.

20.7.27
Bietet der Behandlung keine Schwierigkeiten, ist harmlos, gutmütig, wenn man ihn ganz in Ruhe läßt, hat keinen Verkehr mit andern Kranken u. wünscht ihn auch nicht. Hat gelegentlich die Gewohnheit, seine Tür mit lautem Knall zuzuschlagen. Deswegen von einem Pfleger zur Rede gestellt, schrie er diesen an: »Ich bin der Dr. Davidsohn, gehen Sie hinunter auf die Irrenabteilung, u. sagen Sie drunten, ich hätt's gesagt!« Wirkt oft komisch durch seine vielfach devoten Verbeugungen.
Hält sich meist in seinem Zimmer auf, steht dort oft ganze Stunden lang vor seinem Spiegel u. betrachtet sich wohl-

gefällig. Gelegentlich schreibt er auch an sich selbst Postkarten nach Berlin, die dann wieder hierher zurückkommen, was er ganz in der Ordnung findet. Eine dieser Postkarten lautete: »Lieber Hans Davidsohn! Hier werden täglich viele Stöcke gestohlen! Herzl. Gruß Dein H.D.« Hat im allgemeinen weder Wunsch noch Klage, nur reicht ihm das Essen nicht, da er einen geradezu krankhaften Appetit entwickelt, obwohl er reichlich zu essen bekommt.

3.7.29

In letzter Zeit ist Pat. recht ruhig u. friedlich, raucht Zigaretten u. Pfeife u. spielt zuweilen mit anderen Patienten Damenbrett u. Schach. Eine Unterhaltung kann man mit dem Pat. nicht führen, da er zu schwerhörig u. auch zu autistisch abgesperrt ist. Auch der Versuch, schriftlich mit dem Pat. sich zu verständigen, gelingt nicht, da Pat. das Gelesene nicht richtig verarbeitet. Er lebt stillvergnügt in den Tag hinein. Oft schläft er auch bei Tag in seinem Zimmer auf dem Sopha zusammengekauert. Gestern hatte Pat. Besuch von seiner Schwester, mit der er aber nicht sprach, sondern nur wegen der mitgebrachten Rauchwaren freundliche Gesten austauschte. (Gewicht: 53)

Hoddis im Park. Eingeschlafen. Sah das Meer aufgewühlt und schwarz. Uniformierte prüften die Papiere. In der Nacht sollte die Reise nach Polen endlich beginnen. Zur Abfahrt bereit schaukelte der kleine Passagierdampfer auf den dunklen Wellen. Die Reisenden hatten sich an Deck versammelt. Sie kauerten mit angezogenen Knien auf dem Boden und versuchten, sich gegenseitig zu wärmen, sich vor dem ständigen Nieselregen zu schützen. Nur Hoddis fehlte noch.

Er stand am Ufer und schaute gebannt auf die plätschernd ausrollenden Wellen. Das Wasser zog ihn mächtig an. Er war ganz ruhig. Jemand rief seinen Namen. Er näherte sich langsam dem Boot und balancierte über die schwankende Planke an Deck. Da in der Ecke hockte sein Vater. Der winkte schwach. Er sah auch die Schwester, Emmy Hennings, Baumgardt war da und Heym und Guttmann. Baumgardts Haar war erstaunlich lang, strähnig, bis weit über die Schultern. Er schien kleiner geworden zu sein. Und sein Gesicht wirkte alt, erschreckend alt, fast verfallen. Auf seinen Knien lag ein großes Adreßbuch, in dem er angestrengt las, monoton Namen und Hausnummern murmelnd. Hoddis sah ihn und mußte sich schütteln vor Lachen.

Die Reisegesellschaft war vollständig. Das Boot legte ab und fuhr hinaus aufs Meer. Ein Gespräch gab es nicht. Hoddis fragte leise bei Baumgardt an, warum er dieses Adreßbuch überhaupt mitgenommen hätte. Baumgardt erklärte ein wenig verärgert, zu Hause würde das Buch sowieso von niemandem geachtet.

Mißtrauische Blicke streiften die Gesichter. Alle waren müde. Alle hatten lange auf die Reise gewartet. Aber keiner kannte die Absicht der anderen. Und jeder vermutete, die anderen wüßten mehr und Bedrohliches über das Ziel.

Hoddis stand an der Reling und starrte in die Nacht auf das Meer hinaus. Vielleicht würde der richtige Augenblick unbemerkt vergehen. Das beunruhigte ihn. Er zog seine Kladde aus der Manteltasche und las eines seiner neueren Gedichte vor. Emmy Hennings antwortete ihm, indem sie ihrerseits einige Verse sprach. Dann wurde es ruhig. Und da erst bemerkte Hoddis in der Gesellschaft eine ihm fremde schwarzhaarige Frau. Sie musterte ihn scharf. Er fürchtete ihr Urteil. Sie rührte sich nicht. Baumgardt murmelte erneut seine Adressenlitanei und unterbrach sich gelegentlich selbst durch schrilles Kichern. Hoddis wünschte einzig eine Verbindung zu Lotte Pritzel, wollte ihr telegraphisch übermitteln, wie sehr er sie liebe. Aber Baumgardt kicherte so, daß alles ganz unmöglich erschien. Und diese Fremde? Er fürchtete ihr Urteil.

Jede Vorstellung erstarb unter aufkommenden Sturmböen. Es gab keinen Halt. Und obwohl Hoddis das schon vollkommen spürte, konnte er die Tatsache des Sturmes nicht glauben. Aber das Brausen schwoll an. Und das Boot zerbrach und verschwand. Hoddis sah niemanden mehr. Er lag auf einer Planke, hielt sich fest, trieb in schneller Fahrt und merkwürdig zielstrebig dahin. Wohin es ging, stand nicht in Frage. Es trieb. Zwischen Wellenbergen und Tälern auf und ab flog er übers Wasser. Tief war es unter ihm.

Aus dem Meer tauchten Inseln auf, an denen er vorüberglitt. Er fürchtete nichts. Seine Planke trug ihn von Wellenberg zu Wellenberg, in aufgepeitscht wirbelndem Wasser, in gläsernem Dunkelgrün übers Meer. Blitzartig tauchten Inseln vor seinen Augen auf. Er raste an ihnen vorbei. Vor einem Eiland aber wurde es ruhig. Hier schien ein warmes orangegelbes Licht.

Hoddis erkannte die Ausmaße eines kuppelförmigen großen Hauses aus Glas, darin einen Altar, geschmückt mit Kerzen, Blumen und weißen Decken. Auf dem Altar saß ein hölzerner Buddha. Der atmete. Menschen gingen in weiten Gewändern vollkommen ungerührt auf und ab. Vor dem Altar hockte Lotte Pritzel. Die Erde rundum war schwarz. Der Sturm schien diese Insel zu verschonen. Hoddis hatte keine Zeit, darüber nachzudenken. Auf gischtig aufgewühltem dunkelgrünem Wasser wurde er in die überfluteten Straßen einer ihm unbekannten Stadt gespült.

Die Planke war verloren. Es kam auf Geschicklichkeit an. Er mußte weite Sprünge machen, um sich dann an die Wände der Häuser zu drängen, Schutz zu suchen in Hauseingängen, bei Mauervorsprüngen. Er floh in eine enge Gasse und konnte sich dort dem Zugriff der rasenden Flut entziehen. Aus einem Torbogen stürzte ihm ein junger Schäferhund entgegen. Der Hund knurrte, fletschte die Zähne. Die Muskeln zuckten zum Sprung bereit. Aber Hoddis fühlte sich dem Tier überlegen, fühlte sich weitaus mächtiger und wagte einen Befehl. Und tatsächlich trieb sein Ruf den Angreifer zurück. Winselnd verschwand der Hund im Durchgang zum Hinterhof. Augenblicklich erschien ein größerer, der bedrohlicher knurrte, knirschender die Zähne fletschte und noch wilder zuckte. Hoddis hatte Spaß daran. Auch diesen Hund schlug er durch ein mächtiges Wort in die Flucht. Er wußte nicht wie. Aber der Hund wurde still und trottete zur Seite.

Zugleich trat der Besitzer der Hunde und des Gartens, in dem Hoddis sich inzwischen befand, hervor und forderte ihn auf, ihm beim Feuermachen zu helfen. Hoddis weigerte sich. Er verspottete den Mann und lachte über sein Anliegen. Er wollte ihn nicht wahrhaben und seinen Vorschlag nicht hören. Der Fremde war von einem unbestimmten schwefligen Gelb umgeben. Er schien es auszuströmen. Er trug einen grauen Stoppelbart. Sein kleiner Kopf wahr kahl. In der Mitte des Gartens war kunstfertig Holz aufgeschichtet. Der Gelbe zeigte zur Feuerstelle hinüber. Aber Hoddis erwiderte seine Aufforderung mit einer wegwerfenden Handbewegung.

Da sah er, wie eine mächtige Flutwelle aus grünglässernem aufgepeitschtem Wasser das Schiff mit den Reisegefährten über die Dächer der Häuser warf. Es landete bei sonnigem Wetter am Waldrand auf einer Wiese.

Während der Landung verwandelte sich das Schiff in ein Zelt. Hoddis trat heran und erkannte Baumgardt, die fremde Frau, seinen Vater und Emmy Hennings. Er war froh, sie zu sehen, und zu seinem Vater sagte er, er solle der Mutter nur ja nichts von der Reise erzählen. Dann änderte er seine Meinung und forderte ihn auf, ihr unbedingt alles zu berichten.

Von weit her hörte er eine Stimme. »Davidsohn«, rief sie, »Davidsohn«, und der Widerhall wurde lauter und störte ihn. Als er die Augen öffnete und sich aufrichtete, sah er in das strenge Gesicht eines Pflegers. Hoddis wischte sich mit der Hand Regentropfen von den Augen. Über ihm in der Birke, an deren Stamm lehnend er eingeschlafen war, sang eine Amsel. Wasser tropfte ihm aus den Haaren. Seine Kleider waren ganz durchnäßt. Das Grün der Blätter und Gräser erschien ihm so kräftig wie nie. Der Park dampfte. Die Luft war klar und kühl. Hoddis fühlte sich frisch und gestärkt. Über die aufgeweichten Wege folgte er dem Pfleger mit ruhigen festen Schritten.

23.9.29
Völlig unverändert. Raucht den ganzen Tag, wenn er etwas Rauchbares zur Verfügung hat. Bettelt auch den Arzt bei jeder Visite um Zigaretten an. Ist ein guter Schachspieler, sonst hat er keine Interessen. (Gewicht 55,3)

27.11.29
Pat. sollte kürzlich auf besonderen Wunsch seiner Mutter vom Zahnarzt in Behandlung genommen werden, doch wehrte sich Pat. so sinnlos u. aus Leibeskräften gegen alle Bemühungen des Zahnarztes, so daß der Versuch aufgegeben werden mußte. (Gewicht: 53,6)

21.11.30
Ist in letzter Zeit auffallend gut gelaunt, spielt viel Schach, raucht Zigaretten u. Pfeife u. lacht sehr viel. Als gestern der Oberpfleger in seiner Gegenwart einen Patienten mit dem Radiolux behandelte, freute sich Pat. kindisch über die Funken, die aus dem Apparat kamen u. wollte den Oberpfleger veranlassen, ihm diese Funken in den Mund springen zu lassen, er wolle sie schlucken. Dabei schnappte er

mit offenem Mund nach den Funken, die in die Haut des behandelten Mitpatienten übersprangen. (Gewicht: 56,6)

4.4.30

Körperlich u. psychisch unverändert, hat nur Interesse für Schachspiel u. Zigarettenrauchen. Bei Besuchen seiner Mutter genauso gleichgültig u. autistisch wie sonst. Spricht wenig u. hört offenbar sehr schlecht. (Gewicht: 55,8)

2.6.30

Zustand des Pat. auch in den letzten Wochen völlig unverändert. Auch bei gutem Wetter geht er nur selten in den Garten u. nach einem Spaziergang verlangt er nie, dagegen kann er auch tagsüber oft auf dem Sopha liegend schlafend angetroffen werden. (Gewicht: 56,5)

6.2.32

Zustand unverändert.

19.3.32

Pat. ist stets gleich negativistisch u. widerstrebend, wenn man etwas von ihm will. So rief er kürzlich, als ihm d. Pfleger die Fingernägel schnitt, durchaus affektvoll nach der Polizei, hier sei ein Verrückter! Im übrigen ist Pat. unverändert stumpf u. indolent. (Gewicht 52,0)

21.4.32

Spielt gut Schach, im übrigen sitzt er den ganzen Tag Pfeife rauchend bei den anderen Kranken im Tagraum u. freut sich seines Lebens. (Gewicht: 53,0)

21.5.32
Mußte in ein anderes Zimmer zu einigen weniger empfindsamen Patienten hineinverlegt werden, da er in seinem bisherigen Zweibettzimmer seinem Zimmergenossen durch seine Schweißfüße allzusehr lästig wurde u. trotz Behandlung mit Resorcin-Percutol u. Fußbädern mit seinen verschwitzten Socken einen bestialischen Gestank verbreitet. (Gewicht: 52,5)

4.7.32
Ist vergnügt u. munter, hat den Zimmerwechsel in keiner Weise empfunden. Läuft schmunzelnd u. Pfeife rauchend im Garten herum. (Gewicht: 50,0)

Die Behandlung dauerte an. Hoddis kannte jeden Winkel der Station, kannte jeden Quadratzentimeter Wand. Wenn er zwischen Aufenthaltsraum und Schlafsaal im Schnellschritt auf und ab ging, hielt er den Kopf gesenkt, nach links geneigt, das Kinn gegen die Brust. Die Zigarettenbrandlöcher der Fußböden zeigten ihm, wo er gerade war. Er schaute niemanden an. Und doch spürte er genau, wenn die Krankenpfleger planten, ihn zwangsweise zu baden, zu kämmen, ihm die Fingernägel zu schneiden.

Hoddis saß am Fenster. Er beugte sich über einen Brief von Loewenson. Mit der Handkante strich er über das zerknitterte verschmutzte Papier. Wann war der Brief nur angekommen? Wie oft hatte er schon versucht zu verstehen? Während er jetzt las, verbarg er das Blatt mit Oberkörper und Armen vor den Blicken der anderen Insassen. Loewenson schrieb:

Lieber Hoddis!
Bist wie verschollen. Alles gescheitert? Keine Lösung? Viel Zeit vergangen. Fand einen Brief von Kronfeld (Du erinnerst Dich? Der Psychiater!). An mich über Dich. Er schreibt u. a.: »Nach langen Correspondenzen mit Pfister, Jung etc., meinen Standpunkt schon recht zu Gunsten der Freudschen Praxis (nicht: Theorie) verändert. Die Freudianer nehmen bloß den komplizierten Menschen zu simpel.

Haben Sie noch Kontakt zu Davidsohn? Oder ist der ganz in der Irrenanstalt verschwunden? Man weiß ja, wie unendlich zählebig und scheinbar geschichtslos das Dasein des einzelnen in diesen merkwürdigen Einrichtungen vergeht. Haben Sie ihm einmal von Jung erzählt? C. G. Jung? Die Tiefenpsychologie mit mythologischem Ausblick, die müßte Ihrem Freund angemessen sein. Schreiben Sie ihm davon. Vielleicht sollte er etwas von Jung lesen oder direkt zu ihm fahren? Schlagen Sie ihm das doch bitte vor.

Ihr Freund wollte zum jüdischen, er wollte zum katholischen Glauben finden. Er suchte Gültiges in der Poesie. Mit allem war in ihm nicht viel erreicht. Es gäbe dann vielleicht Lao-Tse oder brahmanische Ontik als weiteres Relief für gefühlte Notwendigkeiten, die durch dem Intellektuellen ganz fernliegende Energien angebahnt worden sind, denen die Ontik jederzeit nur einen Schutzpanzer bildet. Die Ontik in jeder ihrer

Formen verbürgt die Unangreifbarkeit dieses heiligen Gestimmtseins nach außen hin, und sie schafft ihm zugleich bestimmte Bahnen praktisch-symbolischer Vorzeigbarkeit. Das betrifft doch wohl auch Davidsohns Lyrik. Man hätte nur die ironischen Verse loben dürfen, nicht aber das Schwere, Abgründige.

Das hat er nie wirklich verarbeitet. Er steckt selber in seinen lyrischen Bildern und hat das nicht überstanden.

Aber, entschuldigen Sie, Sie waren ja auch literarisch mit ihm befreundet. Wir vertreten da sicher ganz unterschiedliche Auffassungen zur Rolle der Poesie im psychischen Haushalt. Entschuldigen Sie meine Anmerkungen. Darum bitte ich Sie vor allem deshalb, weil auch ich für Ihren Freund Davidsohn oder Hoddis nichts tun konnte.

So erzählen Sie ihm bitte von Jung. Vielleicht ist es ihm eine Hilfe.

Herzliche Grüße

Ihr Kronfeld«

Du siehst, er hat Dich nicht vergessen. So viel Zeit ist vergangen. Versuch es noch einmal.

Immer Dein L.

Hoddis schien, alles war falsch in diesem Brief, und alles war richtig. Es betraf ihn nicht und ging ihn doch etwas an. Gelangweilt faltete er das Papier zusammen, aber es beunruhigte ihn. Hastig ging er auf und ab. Zu sich selbst sagte er: Hoddis will reisen. Der Dr. Davidsohn soll mit Dr. Jung sprechen.

14.8.32

Die Reinlichkeit des Pat. läßt immer noch sehr zu wünschen übrig. Will man ihn baden oder die Nägel reinigen u. schneiden oder Pat. wägen, so gibt es meist eine Szene. Sonst ist er immer gut zu haben u. verträglich, spricht nur selten, zeigt aber lebhaftes Mienenspiel. Hat besondere Vorliebe für Schachspiel. (Gewicht: 48,4)

16.9.32

Keine Änderung. Oft lacht Pat. in seinem Autismus etwas hämisch vor sich hin, was ein Paranoiker der Abteilung regelmäßig auf sich bezieht. Wenn er gestört wird, braust er gerne auf, während er sonst harmlos u. indolent, sein Pfeifchen rauchend, seine Tage verdämmert. (Gewicht: 48,7)

Triest. Hoddis erreicht Triest. Viel Gelb, gelbe Wände, Stimmen vom Hinterhof. Eine hohe gelbe Wand. Ein Zimmer. Ein Bett in einem Zimmer mit eisenvergittertem, stuhlbreitem Fenster. Hoddis wusch die Hände, mied den Blick in den Spiegel, legte sich auf die Matratzen, rollte sich zusammen, die wärmende Hand um das steife Glied gelegt – schlief er ein.

Und es erschienen die Puppen der Lotte Pritzel. Ein geheimnisvoller Zug war das, ein drohendes Winken aus merkwürdigem Tanz. Und auf einer schwach beleuchteten Bühne erschienen seine Gedichte in der Gestalt verschiedener Baumrinden und Gesteinsschichten. Ein Funkeln wurde laut, und Zuhörer reckten die Hälse. Die Tür zur Bühne öffnete sich. Heym stand da. Sein Erscheinen allein bedeutete die Frage nach dem Schöpfer dieser neuesten Verse. Heym legte seine Hand auf das Gestein. Seine Finger strichen behutsam über die Rinde. Aus den Reihen der Zuhörer trat Frau Davidsohn hervor. In Feuereifer beklatschte sie die Geste des Freundes Heym. Und Hoddis verstummte, versank, suchte ein schweres Tuch, mit dessen Hilfe er das Gestein und die Rinden verdecken wollte, suchte in weiten dunklen Hallen – hinter der Bühne offenbar – und fand überall nur die sich qualvoll wiederholende Geste des Freundes und den schwärmenden Blick der Mutter. Er war sicher, daß niemand sein Verschwinden bemerken würde. Froh, dem peinlichen Auftritt nicht mehr beiwohnen zu müssen, wanderte er auf eine Anhöhe zu. Da entdeckte er am Hang schwarze feuchte Erde. Aus dieser Erde wuchs eine Pflanze mit zarten weißgelben Blüten, einer Walderdbeere ähnlich. Er sah sie in klarem Morgenlicht wie sanftes Leuchten und ganz und gar schön. Aus der Pflanze, aus der schwarzen Erde rundum sah ihm sein Gesicht entgegen. Er sah sich, wie er die Pflanze sah. So etwas wie der Entschluß, jetzt wirklich und nur noch diese Blume zu sehen, dieses Gesicht wahrzunehmen. Kein Eingriff, keine Änderung mehr. Er schaute in Klarheit, und die war mild und scharf umrissen zugleich.

Am späten Nachmittag verließ er das Zimmer, zahlte an der Rezeption und fragte nach dem Weg zur Anstalt. »San Giovanni?« Da wurde ihm schnell geholfen.

Hoddis erreichte das parkähnliche Gelände der Anstalt, das sich am Karstabbruch weitläufig erstreckte. Steiler Aufstieg unter drückender Wärme. Eine Stadt in einem Park in einer Stadt, von Mauern, Wegen, Hekken durchzogen. Großzügig verteilt die schlichten und doch prächtigen sandsteingelben Häuser, umgeben von Bäumen und Büschen und verwilderten Beeten. Die Nachmittagssonne tauchte die Mauern in warmes Licht. Und die Katzen. Streiften umher. Verschwanden hinter Mauerwerk. Zusammengerollt in stillen Winkeln, laufend, schleichend auf allen Wegen oder reglos hockend schwarze, braune, weiße, gelbe Katzen, die die ganze Anstalt bevölkerten.

Versteckt hinter einer Hecke, unter Bäumen verborgen fand Hoddis das Verwaltungsgebäude, die Direktion. »Ospedale psichiatrico Provinciale San Giovanni« las er auf dem Schild neben der Tür. Im Flur stehend blickte er sich um. Eine der hohen zweiflügligen Türen stand offen. Er sah rund um einen großen Tisch die Versammlung vieler Männer und Frauen. Hoddis meinte, sowohl Ärzte und Pfleger als auch Patienten in angeregtem Gespräch zu erkennen. Einer sprang auf und sprach laut und heftig gestikulierend. Gegenrede erhob sich. Diese Versammlung war offenbar in ein Thema vertieft und ließ sich durch nichts stören.

In einem kleineren Zimmer bemerkte Hoddis eine Frau hinter einem Schreibtisch. Vor ihr stand eine

Schreibmaschine. Er trat ein. Die Frau gab ihm zu erkennen, daß sie hier die Verwaltung mache. Er zeigte ihr den Brief, den er erhalten hatte vom Ospedale psichiatrico Provinciale und fragte nach der Unterkunft für ausländische Besucher. Sie blickte kurz auf das Papier, nickte freundlich und empfahl ihm den Besuch der Studenten und Praktikanten im Pavillon F: »Fragen sie nach F; da werden sie finden, was sie suchen.«

Die schwül drückende Luft machte ihm zu schaffen. Seine Schritte hoch zum weit oben gelegenen Pavillon F fielen ihm schwer. Vorbei an eingestürzten Treppen, vorbei an Wänden voller Parolen und Zeichen. Auf einer Mauer stand in bunten Lettern geschrieben: »Freiheit heilt«. Noch nie hatte er an solchen Mauern bunte Fische, Gesichter, Gestalten, Sonnen, Meere und Regenbogen gesehen. Park als Urwald, erfüllt von Vogelgesang.

Auf der Terrasse des Pavillons F stieß Hoddis auf eine Gruppe junger Leute, die sich weintrinkend und rauchend, laut, wie im Streit aufgeregt unterhielten. Er hörte Wortbrocken italienischer, englischer und auch deutscher Sprache. Noch stand er abseits und wartete. Er nahm alles begierig auf – Reisende, Studenten, die sich freiwillig in diese Anstalt begaben. Einer, wie er hörte ein Deutscher, trug eine Fellweste, einen alten zerbeulten Hut und am Hut zwei Habichtfedern. Der schaute verlegen drein, als er gefragt wurde, ob er der Stadtindianer sei, dessen Ankunft angekündigt worden sei, und meinte, das könne wohl möglich sein, einige seiner Freunde seien schon vor ihm hier gewesen.

Hoddis am nächsten saß der junge Mann, der sich fragend an den mit der Fellweste gewandt hatte. Dem tippte er auf die Schulter: »Entschuldigen sie, wohnen sie in diesem Pavillon? Man sagte mir, ich könnte hier Unterkunft finden?«

»Ja, das ist wahr, das wird gehen. Wir alle wohnen hier. Ich zeige dir gleich ein freies Bett in unserem Schlafsaal. Willst du hier ein Praktikum machen? Bist du Student?«

»Nein, ich bin Schriftsteller. Ich komme aus Berlin. Mein Name ist Hoddis. Ich suche nichts Bestimmtes und weiß von dieser neuen Art der Psychiatrie fast nichts.«

»Und wie bist du dazu gekommen, dich in Triest umzusehen? Die meisten hier sind Studenten der Medizin oder Pädagogik. Wir wollen neue Wege der demokratischen Psychiatrie kennenlernen. Sie kommen aus fast allen Ländern Europas. Da ist Pål aus Norwegen, da Karin aus der Schweiz, da drüben, das sind zwei junge Ärzte aus Spanien, der da ist Franzose. Du verstehst, wir alle wollen lernen für unsere spätere Arbeit in der Psychiatrie.«

»Ja, ja, Arbeit in der Psychiatrie. Das ist sicher sehr interessant«, sagte Hoddis.

Und der junge Mann erklärte weiter: »Der da ist Journalist. Er schreibt ein Buch über die Öffnung der Anstalt. Er schreibt übrigens für einen Verlag in Berlin. Er ist schon lange hier. Vielleicht kennst du ihn?«

»Das wäre wohl möglich. Aber mir scheint nicht. Sie müssen wissen, ich bin schon seit geraumer Zeit der

Öffentlichkeit entzogen. – Wo könnte ich denn schlafen?«

Mathias, der Student aus Tübingen, führte Hoddis durch die hohen Gänge und Schlafsäle des Pavillon F. Mächtige Gewölbe, in denen ein falscher Schritt schon Verirrung hätte bedeuten können. Sie gingen vorbei an den geöffneten Flügeltüren unbewohnter Säle, in denen kahle eiserne Bettgestelle zu Türmen gestapelt standen. In einem kleineren Zimmer konnte Hoddis einen Tisch voller Papiere und Bücher erkennen. Da arbeitete sicher der Journalist aus Berlin an seinem Manuskript. Mathias zeigte auf ein leeres Bett im Schlafsaal der Studenten.

»Wo sind die Patienten«, fragte Hoddis. Mathias schüttelte verwundert den Kopf über diesen Besucher aus Deutschland und antwortete: »Verstehst du denn nicht? Die meisten ehemaligen Patienten des Irrenhauses leben hier nicht mehr. Ich weiß nicht, wie ich dir das erklären soll. Sie wurden entlassen. Sie haben sich selbst entlassen. Sie leben in der Stadt, in den Stadtteilen, in ihren Familien, in Wohngemeinschaften oder allein. Wie soll ich dir das verständlich machen? Diese Fürsorge der Anstalt, die die Freiheit raubt, hat aufgehört. Fulvio zum Beispiel hat viele Jahre hier in diesen Sälen gelebt. Jetzt bewohnt er sein Zimmer in San Giusto. Ich besuche ihn fast täglich. Die Wohnungstür hat er eingeschlagen. Im Türrahmen steht, schräg aufgerichtet, das Eisengestell eines Bettes. Darin verkantet, verhakt – Stühle und Kartons. Seine Wohnung ist kahl und kalt. Wenn ich zu ihm komme, zeichnet er manchmal – ein Schiff, einen Baum auf dem Schiff und in das Schiff einen Motor. Dann zeigt er auf den Motor und erklärt mir, dieser Motor, das sei ich. Ich gestehe, ich weiß nicht, was er meint. Er bietet mir Wein an und zeigt die verschiedenen Programme seines Fernsehers. Er zeigt mir seinen Herd und sagt, den habe er im Krieg von einem deutschen Hauptmann bekommen. Er verriegelt die Fensterläden, da er sich vorstellt, von Strahlungen aus dem gegenüberliegenden Hospital für behinderte Kinder gesteuert zu werden. Er sei früher einmal in diesem Hospital gewesen und würde heute noch von dort aus beobachtet. Was sollte ein Arzt oder Therapeut schon groß dazu sagen? Fulvio verbarrikadiert seine Tür und denkt, durch Strahlung gesteuert zu werden. Aber es hat sich etwas verändert. Er lebt nicht mehr im System der Anstalt. Er ist wieder in der Nachbarschaft eines Mietshauses. Und da ist sowohl das Verständnis für, als auch der Haß auf – den Wahnsinn. Fulvio und sein Wahnsinn sind da, wo sie entstanden sind, da, wo sie hingehören. Und nebenbei kann er ins Zentrum gehen. Da bekommt er ein warmes Essen. Wir behaupten ja nicht, ihn nun alle besser zu verstehen als zuvor. Aber wir verbieten ihm auch nicht, die Tür zu verstellen oder sich vor dem blauen Licht aus dem Fenster des Hospitals zu fürchten. Wenn du magst, gehe ich morgen mit dir in eines der Zentren. Und du wirst selber sehen.«

Hoddis hatte aufmerksam zugehört. Er nickte und hatte doch einiges nicht verstanden. Während Mathias sich verabschiedete, hob er eine Matratze auf das Bettgestell, fand eine Decke und legte sich hin, um zu schlafen.

Mathias weckte ihn früh. Sie gingen hinaus. Katzen streiften umher. Morgenlicht floß in den Straßen. Schon zu warm für viele Gedanken. Eine Flut von Gesichtern. Und wilder ging die Fahrt dem Blau des Himmels entgegen, bis Schwindelgefühl den Blick wieder zur Erde zwang. Gleitende, girrende, leuchtende Gesichter. Hoddis hatte Angst vor der Schönheit der Frauen. Ihm wurde kalt davon. Er zitterte. Er zersprang fast an der Kälte. Er spürte den Tod. Er fühlte sich klein und kleiner unter etwas Größerem, dessen Macht er nicht kannte, das er nur ahnte, immer wieder – der Ahnung nicht sicher. Und immer, wenn er sich dem Anblick der Schönheit und der Ahnung ihrer Macht aussetzte, wurde eines wirklicher als alles andere: Er war überwältigt. Es floß in den Straßen, – zu warm für viele Gedanken.

»He, Hoddis, wir sind da. Das ist das Zentrum von Muggia. Es wird dir gefallen.«

Mathias führte ihn durch die Wohnung eines alten Mietshauses. In allen Räumen drängten sich Menschen. Sie liefen, redeten, riefen durcheinander. Hoddis duckte sich, hielt sich in der Nähe der Wand, fand schließlich in einer Nische einen Tisch mit einem Schachbrett. Er setzte sich, senkte den Blick und begann ein Spiel.

Eine rauhe dröhnende Stimme schreckte ihn auf. Er sah eine ältere Frau mit Strohhut und bunter Tasche.

Sie stampfte durchs Getriebe, wiegte sich in den Hüften und hielt vor dem jungen Mann mit der Fellweste und den Federn am Hut. Der zuckte zur Seite und zurück und wußte nicht, was tun. Die Frau umschlich ihn. Dann brüllte aus ihr ein Lachen. Sie rief. Sie redete auf ihn ein. Hoddis verstand so viel wie »wilder Indianer hier« und »sing indianisches Lied«. Sie umtanzte ihn johlend und rhythmisch stampfend, und während sie tanzte, griff sie nach den Federn an seinem Hut. Der Junge stand wie gelähmt. Er sagte kein Wort, wehrte sich nicht, als sie mit den Federn in der Hand hinauswirbelte und verschwand.

Hoddis bemerkte einen Mann in weißer Jacke mit einem Schlüsselbund in der geschlossenen Faust. Das mußte einer der Krankenpfleger sein, von denen Mathias erzählt hatte, daß sie nach der Öffnung des Irrenhauses in den Zentren arbeiten würden. Er ging geschäftig umher. Geschickt spielte er mit dem Schlüsselbund zwischen den kräftigen Fingern. Es rasselte und klirrte. Sein Gesicht war steinern und schwer. Auf und ab sah Hoddis ihn gehen. Auf und ab. Schritt kräftig aus und schien doch nicht zu wissen – wohin. Hoddis beobachtete das Kommen und Gehen. Die Türen waren offen. Es gab nichts zu verschließen. Der Pfleger trieb hilflos umher. Hoddis beendete sein Spiel und seltsam gelassen verließ er das Zentrum.

Von Julio hatte Hoddis schon gehört. Zwei Studenten hatten sich über den Alten da unten, der sein Krankenzimmer zur Zeit der Öffnung des Irrenhauses nicht hatte verlassen wollen, unterhalten. Der eine Student meinte, Julio sei früher selber Psychiater gewesen. Kurz nach der Teilnahme an einem Psychoanalytischen Kongreß, in dessen Verlauf ihm unter anderem auch C. G. Jung begegnet sei, habe er dann die Seite gewechselt. Er habe seither ein sehr autistisches Leben als Patient geführt. Fast nie habe jemand Zugang zu ihm gefunden. Und immer würde er sich weigern, die gestreifte Anstaltskleidung abzulegen.

In dieser Nacht ging Hoddis spät durch die leeren dunklen Gänge des Pavillon F. Er hatte mit dem norwegischen Psychologen Pål oberhalb der Anstalt in einem Gartenlokal gesessen und Rotwein getrunken. Pål hatte seine Gedanken über die Notwendigkeit der Entwicklung neuer Formen der Therapie, gerade zum Zeitpunkt der Öffnung der Anstalten, ausgebreitet. Pål hatte einen so melancholischen, fast verzweifelten Eindruck gemacht. Der junge Psychologe rang um etwas, das es noch nicht gab und vielleicht auch nie geben würde: einen Blick auf die Seele, der das Seelische nicht sezierend verletzt. Er suchte eine Vorstellung, deren Begrifflichkeit selbst beseelt sei und nicht im Gegensatz zur Seele stehe. So wie – Seele sieht Seele. Er meinte ein nicht mißachtendes und nicht vergessendes Denken. Pål hatte dazu immer mehr Wein getrunken. Und Hoddis hatte gespürt, wie dieses Bemühen um eine Haltung, in der der Psychologe Psyche nicht zum bloßen Gegenstand des Denkens und der Manipulation machen dürfte, wie dieses Bemühen den Psychologen Pål immer trauriger und hoffnungsloser gemacht hatte. Auf dem Weg zum Pavillon waren sie ganz still nebeneinander durch den dunklen sommernächtlich warmen Park der Anstalt gegangen.

Und nun stand vor ihm auf dem Gang wie hingehuscht – Julio. Hoddis brachte kein Wort heraus. Julio sprach ihn an – auf italienisch, dann in französisch, schließlich in dieser merkwürdigen Tonlage eines gebrochenen, österreichisch klingenden Deutsch.

Was er hier suche, in dieser Anstalt im Süden. Er komme doch sicher aus dem Norden?

Hoddis stammelte etwas von Suche nach Hilfe, nach Leben ohne Belästigungen, nach einer Freiheit, die in Deutschland nicht zu finden sei. Julio winkte ab.

»Freiheit, Geist – Begeisterung, wissen Sie, das ist Freiheit, das ist eins mit Freiheit. Und das finden Sie nicht im Süden. Suchen Sie den Geist des Nordens. Nehmen Sie Rilke, Goethe, Rilke war zwar in Duino und schrieb dort seine Elegien. Aber es war der Geist des Nordens. Kennen Sie Rilke?«

»Ein wenig.«

»Sie müssen ihn kennenlernen.«

Julios Gesicht war eine lebendige weite Landschaft. Sein Erscheinen in dieser abgerissenen Anstaltskleidung, das lange schwarzgraue Haar, der zottlige schwarze Bart – es war, als sei er aus einem Grubenschacht aufgestiegen, als sei er Teil eines uralten Waldes und sein Gesicht Tau im Morgenlicht. Dieser Eindruck von Klarheit und Licht umgeben von Dunkel – das war Hoddis unheimlich. Julios Stimme zitterte.

»Die Ärzte hier und alle Mitarbeiter sind Illusionisten. Man kann die Anstalt nicht öffnen. So ist Freiheit nicht zu erreichen. Nie wird die Anstalt wirklich aufhören. Anstalt wird es überall und immer geben. Solange der Geist nicht lebt und die Seelen nicht real sind. Verstehen Sie, wir sind alle noch gar nicht da. Und unsere Anstalt lösen wir so nicht auf.«

»Aber das ist doch eine Möglichkeit hier, wenn ich bedenke, welchen medizinischen und juristischen Verfolgungen ich in Deutschland ausgesetzt bin.«

»Oh, ich sage nicht, daß das Alte gut wäre und daß Macht über Menschen bestehen sollte. Das sage ich nicht. Dagegen trat ich schon als Psychiater an. Aber es geht nicht mit Kongressen und Vorträgen und vornehmer Objektivierung. Der Weg zur Seele bleibt weiter versperrt. Die neue Ideologie neigt dazu, alles gleichzumachen – Alt und Jung, Mann und Frau, Schief und Grade – alles gleich. Sie will das nicht. Aber es wird so. Und so ist das Leben im Kern verfehlt. Sie müssen daran arbeiten.«

»Sie geben mir hier zwischen Tür und Angel eine zu große Aufgabe. Können wir weiter darüber sprechen? Ich begreife nicht so schnell.«

»Wir müssen es dabei lassen. Mehr kann ich Ihnen nicht sagen. Ich zeige mich nicht gern. Wer weiß, wie lange man mich in Ruhe laßt. Sie müssen einsehen, ich bin Patient und brauche nichts so sehr wie Ruhe und Abgeschiedenheit. Ich bin kein soziales Experiment, und weitere Auskünfte kann ich nicht geben. Ich wünsche Ihnen alles Gute. Ich sehe, sie haben es nötig.«

Julio reichte ihm die Hand. Herzlich verabschiedeten sie sich. Julio huschte in den dunklen Flur und verschwand hinter der Tür seines Zimmers. Noch nie hatte Hoddis einen Menschen so kurz und so heftig getroffen, noch nie das Gefühl gehabt, jemanden so endgültig aus den Augen verloren zu haben. Julio war für ihn nur in diesem Augenblick gewesen. Nichts sonst und nichts weiter. Und was hatte er gesagt? Hoddis verstand nicht, aber er spürte: Es ging um Seele und um eine alte und immer neue Not. Hoddis wankte über den Gang der Station.

Grüne Katzen, blaue Katzen, die Milch in der Schale, die Milch, trinken die Milch, schon tief in der Nacht.

Morgenrot schien matt am Himmel auf. Hoddis lag schlafend bei der Tür des Pavillons. Als Pål ihn fand, half er ihm auf und bereitete ihm einen Tee. Während Hoddis trank und von Julio nichts erzählte, schlug Pål vor, zur Wohngemeinschaft der sieben alten Männer zu gehen.

In der ihm vertrauten schnellen Gangart durchwanderten sie die Stadt, querten die Straßen, kamen zum Markt. Pål kaufte an verschiedenen Ständen Früchte und hielt sich auf beim Handel mit alten Frauen. Staunend betrachtete Hoddis das wilde aufgeregte Gestikulieren. Begierig aß er den Pfirsich, den Pål ihm reichte.

Durch enger werdende Gassen näherten sie sich einem Teil der Altstadt, von dem Pål sagte, da würden sehr Reiche und sehr Arme in Nachbarschaft leben. Die Giebel der Häuser schienen sich zu berühren. Hoddis hielt sich geduckt. Gelegentlich blieb er in einer Hofeinfahrt stehen, stand vornübergebeugt und lauschte hinein in die zumeist stillen dunklen Höhlen. Er hörte Pål sprechen, etwas von jüdischem Ghetto, damals, und später dann Abtransport auch, hätten Zuflucht gesucht im Irrenhaus, einige, aber gegen Ende der Zeit war auch das kein sicherer Ort. Hoddis lauschte. Schritte auf Treppen. Eine Stimme aus dem Hinterhof. Jemand rief. Es klang wie ein gebrüllter Befehl. Hoddis zog den Kopf ein, schüttelte sich.

Sie gingen, langsamer jetzt. Beim nächsten Haus trafen sie auf einen lamentierenden Alten. Der sprach sie an, und Pål begrüßte ihn herzlich. Das sei Enrico, der Bote dieser Gasse. Seit er hier wohne, würde er sämtliche Nachbarschaft kennen. Ein anderer aus der Wohngemeinschaft sei der große Hagere da drüben. Der allerdings sage kaum je etwas, gehe lediglich gemessenen Schrittes und mit vor der Brust gekreuzten Armen auf und ab. Als Enrico bemerkte, daß Pål auf den Großen zeigte, um dem neuen Gast auch ihn vorzustellen, lachte er meckernd, schlug sich mit der flachen Hand vor die Stirn, schüttelte den Kopf und lachte und lachte. Dann begleitete er sie mit freundlichen Gesten zum Eingang. Während sie die Treppen hinaufstiegen, erklärte Pål, das seien die beiden Außenposten der Gemeinschaft der sieben verrückten Alten. Er gehe jeden Tag hierher. Das sei ein merkwürdiger Empfang. Hier habe er zum ersten Mal eine Ahnung gehabt von dem, was sein könnte.

Im Wohnraum begrüßte Pål Agostino. Der freute sich über die Gäste, schüttelte Hände und bot ihnen

Platz auf einem verschlissenen Sofa. Augenblicklich begann er zu reden, beschrieb mit den Armen weite Bögen und zeigte und redete. Pål übersetzte. Es ging um legendäre Pferderennen, und dann hieß es, Italienisch sei Italienisch, Amerikanisch bedeute – aufgepaßt, und Englisch – da komme ein Löwe, weiße Haut und schwarze Haut, rote Haut den einen, gelbe Haut den andern, China den Chinesen, und dieses sei sein erstes deutsches Gedicht. Er rezitierte mit großer Gebärde und verschmitztem Gesicht:

»eins zwei Polizei
drei vier Grenadier
fünf sechs salto nix
sieben acht gute Nacht
neun zehn Schlafengehen
sie essen, aber sie schlafen
sie arbeiten, aber sie schlafen
sie springen und springen
aber sie schlafen«

Und er fügte hinzu, soviel deutsche Sprache sei ihm geläufig. Agostino verzog das graue bartstopplige Gesicht zu einem breiten festen Grinsen. Pål lachte. Ein Schaudern durchlief Hoddis, ja, geradezu wohl fühlte er sich vor diesem vielredenden grinsenden Mann.

Er zündete die Zigarette an, die Agostino ihm gereicht hatte, und ließ sich ruhig in die Polster fallen. Der nächste Alte erschien mit einem kleinen Eimer in der Hand. Er lief im Raum umher und leerte die

Aschenbecher, putzte sie und rückte auch sonst auf den Tischen alles zurecht. Nachdem er Kaffee mit Milch gebracht hatte, setzte er sich und schaute mit staunenden Augen in Agostinos redendes Gesicht. Als der zum dritten Mal sein erstes deutsches Gedicht aufsagen wollte, stand Pål vorsichtig auf, gab Hoddis ein Zeichen und beide verließen das Zimmer unter Agostinos schallendem Gelächter. In der Küche trafen sie auf Lucio den Kleinen. Der saß und bereitete Salat für die Mahlzeit des Tages. Sie setzten sich zu ihm. Er klagte sein Leid. Agostino sei immer so laut. Das würde ihn stören bei der Arbeit. Aber andererseits sei er doch zufrieden, denn hier in der Küche würde ihm keiner was vormachen. Pål ermutigte ihn und bedauerte zugleich, heute zur Mahlzeit nicht bleiben zu können.

Sie verabschiedeten sich. Im Treppenhaus fragte Hoddis nach dem sechsten Alten. Der sei fast immer für sich, erklärte Pål. Der sitze in seinem Zimmer über Bildern und Zeichnungen. Störung sei ihm eine Pein. Seine Bilder würde er niemandem zeigen. In der Zeit der Öffnung der Anstalt hätten die Therapeuten ihn häufig gebeten, doch etwas herauszurücken. Aber er habe sich standhaft geweigert, und hier in der Wohnung sei es dabei geblieben. Nun würde auch niemand mehr fragen. Vor einigen Wochen habe er ihn im Wohnraum getroffen. Er habe ihm, Pål, gesagt, es würde vollkommen ausreichen, wenn sich alle eine Vorstellung machen würden von seinen Bildern. Hoddis lachte.

Und der Siebte, der sei immer unterwegs, in der Stadt, überall. Zum Schlafen würde er gelegentlich in die Wohnung kommen. Alle anderen, besonders Lucio und Agostino, würden sich sehr freuen, ihn zu sehen, alle würden ihn schätzen. Aber offenbar sei er durch niemanden zu halten. Sie würden kaum etwas über ihn wissen. Und doch sei einmal vorgeschlagen worden, die Wohngemeinschaft nach ihm zu benennen.

Unten, bei der Tür angekommen, verabschiedeten sie sich auch von Enrico. Er rief ihnen seine guten Wünsche nach. Hoddis hörte seine Stimme noch, als sie die Gasse der sieben Alten schon verlassen hatten, und Pål nachdenklich sagte: »Verstehst du, was ich mit der Bemerkung im Treppenhaus meinte? Hier habe ich eine Ahnung davon bekommen, wie es zwischen Menschen auch und wirklich anders sein könnte. Bei den Sieben ist es nicht öde und elend. Da lebt etwas, das sonst stumm ist oder besser – zum Schweigen gebracht wird. Die Alten hier könnten allen was zeigen. Ich stelle mir manchmal vor, sie würden da ein Wirtshaus betreiben. Vielleicht zugleich eine Schule. Verstehst du, Hoddis, die Gäste würden an der Tür sehr laut und sehr leise empfangen. Sie würden Gedichte hören, Zigaretten rauchen, sie würden frischen Salat essen, sie würden Bilder ahnen, die nie einer zu sehen bekäme, und doch würden die Bilder da sein, und das Haus müßte tatsächlich den Namen des Alten tragen, von dem niemand Genaues wüßte.«

»Pål, Sie erzählen davon sehr lebendig. Sie sind sicher auch ein guter Psychologe. Das alles beschämt mich. Vielleicht haben genau Sie damals in Berlin gefehlt. Ich hatte ja Teil an so einem Versuch, wie Sie ihn hier beschreiben. Wir sind gescheitert. Wir waren zu zerstreut. Wir hingen sehr an uns im Sinne von – Ich. Wir waren zerstreut. Und wir wurden zerstreut. Viele von uns zerstört, wirklich zerstört. Wir konnten unsere Vorstellungen nicht verlassen, keinen Weg ins Leben finden. Wie Gefangene der eigenen Bilderwelt. Das war das erste Ghetto. Es folgte das zweite und dritte und vierte. Ich selbst bin ganz im Ghetto. Das jedenfalls habe ich begriffen. Und hier, die Wohnung dieser Männer, das ist ein schöner und gastfreundlicher Ort.«

So sprachen sie weiter und gingen durch die Straßen in Richtung Hafen. In der Via Della Madonna Del Mare kannte Pål ein kleines Lokal mit einem freundlichen Wirt. Aus aufgereihten Schüsseln konnte sich jeder Gast seine Mahlzeit selber zusammenstellen. Da aßen und tranken sie, bis sie so satt und betrunken waren, daß sie die Vorstellung vom Gasthaus der sieben Alten gar nicht mehr suchen mußten.

Sie gingen zum Hafen. Hoddis streckte sich aus auf einem Haufen von Tauen. Sonnenlichter brannten und flackerten auf dem Wasser. Seidiges federleichtes Blau weitete sich über ihm. Wenige Wolken am Himmel zogen langsam und erschienen ganz nah, bildeten einen offenen Raum. Hoddis sah jetzt den Raum, und er bewegte sich darin.

Vor dem Blau und dem flirrenden Licht erschienen die Umrisse zweier Männer. Hoddis sah den ausgestreckten Arm des einen und hörte ihn sagen: »Da entluden sie den Inhalt dieser Säcke gleich neben der Mole. Es geschah an einem Tag, als die Deutschen kein Boot fanden. Dort war eine Treppe angebracht mit kleinen Stufen, die mit Metall überzogen waren. Als sie ihre Arbeit beendet hatten, entfernten sie sich. Ich wurde von meiner Neugierde veranlaßt, an das Ende der Mole zu gehen. So sah ich auf den Stufen der kleinen Treppe Knochenstücke. Ich konnte ein Stück eines Schädels erkennen, ein Stück von einem Becken, ein Stück von einem Schienbein und andere Knochenteilchen. Ich wußte, daß diese Deutschen aus der Risiera kamen, daß sie wieder getötet hatten und daß es die Knochen jüdischer Menschen waren, die ich sah. Ich wußte, daß ich es nicht wissen durfte. Und wenn ich heute hier stehe, dann kann ich nicht glauben, daß es derselbe Platz ist wie damals.«

Der Mann ließ den Arm herabsinken und sagte nichts weiter. Auch der andere blieb stumm. Hoddis lag regungslos. Die Stimme des Mannes klang nach. Das Bild verschwand vor den Augen. Hatte er nicht in der Gasse der sieben Alten diesen berstenden Befehl gehört? Hatte er nicht das drohende Geräusch marschierender Stiefel vernommen? Wie Lähmung und Ohnmacht erfaßte ihn jetzt der bergende Schlaf.

Katzen streiften durch Hoddis' Traum, verließen ein Haus, verschwanden im Park, um dem Gärtner die Nachricht vom Tod eines jungen Arztes zu bringen, der im Meer ertrunken war. Für einen Augenblick hatte niemand an ihn gedacht. Er tauchte nie wieder auf, und sein Name war vergessen.

Ein Wind beunruhigte das Wasser, huschte über den Hafen, hinauf zum Hang und pfiff im alten Mauerwerk einer Kirche. Da suchte Hoddis nach Büchern, nach einem Buch, einem Satz, nach einem Wort. Der Pfarrer stand drohend neben ihm. Hoddis war bereit, jede Summe zu zahlen. Schallend vom Turm herunter lachte Agostino. »Du wirst nichts finden. Es gibt keine weitere Auskunft.« Das Lachen drehte sich quälend im Kopf. Unterdessen erschien Lotte Pritzel in großer Entfernung. Licht glänzte auf ihrem schwarzen Haar. Er konnte sie riechen. Er roch ihre Haut. Sie berührte ihn. Es war wie Umarmung nach einer wunderbaren Nacht. Und doch sah er sie so weit entfernt. Sie machte sich auf zu einer Reise und ging und ging ohne ihn. Ihr Bild flimmerte vor seinen Augen. Er hätte schreien und mit einem Messer danach werfen mögen. Weiß war es und verschwand im Weiß. Er wußte jetzt ganz genau, daß es Angst war, die er greifen, daß es Bedrohung war, der er Gestalt geben wollte. Er wußte, daß er sehr jung gewesen war, als er das erste Mal Schmerz gespürt hatte, als er fremd geworden war, als er den Körper nicht mochte und Berührung verweigert wurde. Da hatte er gelernt zu lügen und zu verleugnen. Das wußte er. Und seine Erinnerung würde doch dahin nicht reichen. Das Bild der Lotte Pritzel verlor sich im Weiß. Er konnte nichts greifen. Die Arme waren gelähmt. Er hörte das Lachen des Agostino. Und der Gärtner sagte sehr bedächtig und leise: »Der Arzt taucht nie wieder auf.«

Über ihm waren Stimmen. Jemand fragte, ob sie mitkommen wollten zum Baden. Pål war es, der ihn bei den Schultern faßte. Noch ganz verschlafen schaute Hoddis ihm ins Gesicht, sah auch den jungen Arzt und die Gruppe der Studenten. Und im Halbschlaf noch murmelte er: »Ihr könnt ihn doch nicht so einfach vergessen.« Dann raffte er sich auf und folgte den anderen auf dem Weg zum Meer.

Da war kein Strand, aber aus Felsblöcken war eine Befestigung gegen das Wasser errichtet worden. Die Gruppe verteilte sich auf den Steinen. Einige streiften Hosen und Hemden ab, um ins Wasser zu springen, andere suchten einen bequemen Platz, um sich im Sonnenlicht auszustrecken. Auf Felsblöcken neben Hoddis hockten Pål und der junge Mann mit der Fellweste. In ihrer Nähe saßen zwei junge Frauen, die sich sonnten, nun aber die drei Männer betrachteten und sich laut über sie unterhielten.

»Was denkst du, welcher Nationalität die sind?«, fragte die eine.

»Ich weiß nicht, sprich sie doch an.«

Und ohne zu zögern die erste: »Was tust du hier in Triest?«

Pål war gemeint und antwortete: »Ich arbeite im psychiatrischen Krankenhaus.«

»Oh, ich sollte da hingehen. Mein Kopf ist nicht in Ordnung, und ich fühle mich verwirrt. Ich glaube, jeder fühlt sich so,« spottete die zweite.

Der Satz forderte den Jungen: »Das meine ich auch, wirklich, jeder fühlt sich verwirrt.«

Die junge Frau erkundigte sich nun nach seiner Arbeit. Und er teilte mit, daß er nichts tun würde, nichts, das einer Arbeit ähnlich sei.

»Bist du so etwas wie ein Künstler?« fragte die erste.

»Einige sagen, ich sei ein Indianer, andere vermuten Christus, – ich weiß es nicht.«

Hoddis schüttelte sich. Das Gespräch war ruckartig unterbrochen.

Die beiden Frauen schauten auf Hoddis und eine fragte: »Was bist du für ein Typ?«

Einige Wolken zogen am Himmel und verdeckten die Sonne. Die Frauen blinzelten gegen das gedämpfte Licht. »Wir warten eigentlich nur auf die Sonne. Wir sind hier in Triest für einige Wochen und warten eigentlich nur auf die Sonne. Verdammt, sie ist nicht da.« Sie lachten, und die eine rief weiter: »Aber sie kommt, ich fühl es ganz sicher, jetzt kommt sie.« Sie richtete sich auf und sah dem Jungen vernarrt ins Gesicht: »Du hast wunderschönes langes Haar, fast zu schön. Es ist schöner als meins. Verstehst du, ich könnt es gebrauchen, nicht du.«

Sie lehnte sich wieder zurück. »Oh, die Sonne, sie kommt, ich fühl es.« Und aufgeregt rief sie den Männern zu: »Sie kommt, ich fühl es! Meint ihr nicht auch? Sagt was! Oder seid ihr alle tatsächlich verwirrt? Was ist mit eurem stummen Freund? Trägt der immer diesen schwarzen Anzug?«

Hoddis kauerte in sich vergraben und lachte still. Den weiteren Wortwechsel hörte er nicht mehr. Auf einem Stein hatte er einen großen schwarzen Käfer entdeckt, der seinen Panzer und den rechten Fühler verloren hatte. Der Käfer saß regungslos. Hoddis berührte ihn vorsichtig mit dem Finger. Der Käfer drehte sich ziellos und taumelnd im Kreis. Auch Pål und der Junge waren nun auf den Käfer aufmerksam geworden. Der Arzt und die anderen, die inzwischen ihr Bad beendet hatten, traten dazu. Jemand hielt es für gut, den Käfer gleich zu töten. Eine Krankenschwester überlegte, ob man ihn oben am Weg ins Gras setzen sollte. »Oder wir stellen ihn dem Chefarzt vor! Wie wär's?« »Nein, nein, was soll das? Wir zeigen ihm den Weg zum Stadtteilzentrum. Dann wird er sich schon zurechtfinden.« Alle lachten.

Hoddis strich behutsam über den ungeschützten Leib. Und während der Käfer sich weiter taumelnd und kreisend schleppte, trat ein älterer Mann heran und hob warnend die Hand. Dies sei ein dreckiger Käfer, mahnte er. »Vergeßt ihn, laßt ihn. Er wird schon sterben.« Das Lachen verstummte. Alle verteilten sich auf den Felsblöcken unter der Sonne. Und Hoddis sah, wie der Käfer von dieser Menschenart nichts wußte, wie er müde und schutzlos kreiste. Das war ohne Ende. Was sollte schon Sterben sein? Hoddis drehte sich weg von den anderen. Er zog seine Kladde und einen Stift aus der Rocktasche. Er notierte:

Weiß drängt heran
mit Worten nicht trennen
was schon zerschlagen
Schmerz

versuchsweise sprechen
Leiden
versuchsweise nennen
Angst
überschau die Bedrückung des Denkens
und manchmal im Traum
dann wächst aus dem Bauch
eine weißblättrige Blüte
blick aus dem Fenster
da ist schwarze Erde

Hoddis schaute auf. Der Käfer war verschwunden.

Am folgenden Tag begleitete Pål Hoddis zum Bahnhof. Auf der Anzeigetafel suchten sie einen Zug nach Venedig. Pål wünschte ihm alles Gute.

Der Zug ruckte, fuhr an, ließ den Bahnsteig hinter sich. Hoddis stand am Fenster des Abteils und lachte. Pål winkte ihm zu. Sie verloren sich aus den Augen.

28.10.32

Leidet wieder sehr an Fußschweiß, wird wieder mit Resorcin-Perkutol behandelt. Psychisch unverändert.

10.11.32

Hatte in den letzten Tagen etwas Schnupfen u. Bronchialkatarrh, dabei aber kein Fieber. War sehr ungnädig, als ihm das Rauchen untersagt wurde. Jetzt ist er wieder wohl u. qualmt wieder. (Gewicht: 49,5)

4.1.33

Lebt auf der ruhigen Pensionärabteilung B munter in den Tag hinein, raucht, spielt zuweilen Schach, sitzt aber auch oft bei Tag schlafend am Tisch im Tagraum. (Gewicht: 48,5)

10.2.33

Wird ungnädig, wenn ihm etwas gegen den Willen geht, wenn ihm z. B. jemand sein Mützchen wegnimmt, das er auch im Zimmer gerne trägt, droht dann mit Backpfeifen u. macht entsprechende Bewegungen, die er aber vor dem betr. Körperteil seines Partners rasch abbremst. (Gewicht: 50,5)

20.4.33

Völlig unverändert. Spielt gern u. gut Schach. (Gewicht: 50,5)

26.5.33

Seit gestern hat Pat. eine Schwellung der Oberlippe, die von einer Parulis ausgeht. Er läßt sich aber nicht behandeln, wurde sogar gegenüber dem Zahnarzt ziemlich bedrohlich u. wollte zuschlagen.

13.6.33

Als vor einigen Tagen der Pfleger ihn anredete mit: »Herr Davidsohn«, drehte der Pat. sich plötzlich um und sagte: »Herr Professor, müssen Sie zu mir sagen.« Im Ganzen ist er unverändert. Sehr oft wechselnd zwischen gemütlichem Lächeln und mürrischer Auflehnung. (Gewicht: 50,0)

24.7.33
Raucht den ganzen Tag u. spielt Schach. Ab u. zu geht er auch in den Garten. (Gewicht: 49,5)

11.8.33
Hatte in den letzten Tagen Besuch von seiner Mutter, die demnächst ins Ausland überzusiedeln gedenkt u. drum als Vertreter Herrn Ingenieur Hermann Kempner aus München 2 NO Thierschstr. 47/0 vorstellte, an den in Zukunft alle Rechnungen abgeschickt werden sollen.

Berlin, 9.8.1933

Lieber Bruder!
Vor meiner Abreise nach Palästina kann ich mich nur noch mit diesem Brief und den notwendigen Angaben an Dich wenden. Ich bin Dir sehr dankbar, daß Du Dich weiterhin um die Belange meines unglücklichen Sohnes kümmern willst. Ich kann es Dir anders gar nicht sagen. Vermutlich hast Du, auch wenn Du es mir gegenüber nicht ausgesprochen hast, wenig Verständnis für meinen Schritt, das Land und dann noch Hans in seiner Lage zu verlassen. Ich kann ihm nicht mehr helfen. Womöglich habe ich es nie gekonnt. Vielleicht war alles falsch, was ich versucht habe, für ihn zu tun. Könnte ich ihn mitnehmen? Könnte ich ihm einen Lebensunterhalt sichern, wo ich selber nicht weiß, wie es mit mir werden wird? Seit langem müssen meine Schwiegersöhne schon für mich sorgen. Auch würde Hans kein Zertifikat für Palästina bekommen.

Und wo sollte ich ihn unterbringen? Er ist dort doch auch ein Fremder.

Verurteile mich nicht. Ich urteile über mich selbst hart genug. Ich danke Dir.

Die Ärzte in der Christophsbad-Klinik in Göppingen sagten mir, es gäbe keine bemerkenswerte Veränderung, Hans würde dumpf und anspruchslos auf der Station hinleben. Er spielt wohl häufiger Schach, sehr oft allein. Er sitzt rauchend da und murmelt vor sich hin. Fortgesetzt fertigt er Zeichnungen an, macht Notizen auf jedem verfügbaren Papier. Er spricht mit niemandem über das, was er notiert. Immer trägt er seine Mütze, und die Kleidung wechselt er nicht. Wenn die Pfleger ihn zum Waschen bringen wollen, murrt er, wird manchmal auch aufbrausend und ruft laut: »Lassen sie mich, ich bin der Herr Davidsohn, der Dichter aus Berlin. Lesen sie meine Gedichte.« Und ein andermal, als ihm der Pfleger die Fingernägel schneiden wollte, rief er nach der Polizei, die solle kommen, hier sei ein Verrückter!

Ich bin ganz ratlos, wenn ich mir das alles vorstelle. Während meines letzten Besuches bei Hans in Göppingen konnten wir gar nicht miteinander sprechen. Wir gingen nur stumm nebeneinander durch den Park – oder richtiger gesagt, er trippelte oder trottete neben mir über die Wege. Ich habe es nicht fertiggebracht, mich von ihm zu verabschieden, habe ihm nur gesagt, daß ich für längere Zeit nicht würde kommen können. Der Oberarzt machte mir unmißverständlich deutlich, daß Hans als unheilbarer Fall betrachtet werde.

Noch wird er im Christophsbad recht ordentlich behandelt. Aber wie lange noch? Ich habe veranlaßt, daß er so bald wie möglich in ein jüdisch geführtes Haus verlegt wird, in die israelitische Heil- und Pflegeanstalt in Sayn bei Bendorf. Dort wird er keine antisemitischen Angriffe auszustehen haben.

Lieber Bruder, ich weiß keinen anderen Rat. In quälenden Selbstvorwürfen weiß ich doch keinen besseren Weg.

Wie es zu all dem kommen konnte? Und diese Trostlosigkeit rundum. Während ich das hier an Dich aufschreibe, erinnere ich mich genau an die Zeit, in der die Schrift über »Das Judentum in der Musik« erschien, an die Entrüstung in unserer Familie, auch daran, daß wir das noch als geistigen Streit und nur schwach in seiner Bedrohlichkeit sahen. Einige Jahre später erfuhren wir von den antisemitischen Vorfällen an unseren ehemaligen Schulen. Wir waren bestürzt über die Äußerungen unserer alten Lehrer, Lehrer, die wir so sehr geschätzt, die uns den Zugang zum deutschen Kulturleben eröffnet hatten. Auch da noch war es für mich undenkbar, mich eines Tages nicht mehr als Deutsche sehen zu können.

Glaube mir bitte, ich weiß nicht, wie ich Dir danken soll. Ich wünsche Dir von Herzen alles Gute und übergebe meinen Sohn Deiner Fürsorge.

Auf ein Wiedersehen!

Herzlichst Deine Schwester Doris

20.9.33
Ist immer gut gelaunt u. harmlos, spielt Schach u. raucht, geht im Dachgarten spazieren, spricht aber nur selten ein Wort. In seinem Äußeren ist er immer etwas ungepflegt u. unsauber, auch muß er wegen Fußschweiß oft gebadet werden, was ihm gar nicht behagen will. (Gewicht: 49,0)

29.9.33
Völlig unverändert. Wird heute ungebessert in die israel. Anstalt in Sayn bei Coblenz überführt.

Auf dem Schornstein saß ein singender Vogel. Sein Gesang war hell und klar. Die Tochter des Gärtners der Irrenanstalt wußte, daß der Vogel Amsel hieß. Sie kannte Lieder und Gedichte, in denen der Gesang der Amsel vorkam. Sie liebte solche Abende im Frühling.

Das Mädchen saß am Küchenfenster der Dienstwohnung und schaute hinüber zur Anstalt, sah die oberen Fensterreihen, die Mauer, das Tor und ein Stück des Weges, der in den Park hineinführte. Jetzt war dort alles still. Vor wenigen Minuten noch hatte sie da auf dem Weg und am Tor viele der Insassen gesehen. Sie hatten kleine Koffer oder geschnürte Bündel bei sich getragen. Krankenpfleger, Schwestern und Ärzte hatten die Kranken, ihr Vater sagte immer »die Kranken«, zu Gruppen zusammengestellt.

Es hatte doch schon lange keinen Ausflug mehr gegeben. Und warum sollte die Reise am Abend beginnen? Warum so viele Kranke zusammen? Sie hatte auch bemerkt, daß sowohl von den ruhigen als auch von den unruhigen Stationen welche dabei waren. Die wurden doch sonst immer getrennt gehalten. Und einige Pfleger und Schwestern waren aufgeregt hin und hergelaufen. Ein Kranker hatte sich auf die Erde geworfen und laut gerufen.

In der hintersten Gruppe beim Tor hatte sie den kleinen dunklen Dr. Davidsohn gesehen. Den hatte sie oft im Park beobachtet. Er wanderte immer stundenlang umher, lachte, blieb manchmal stehen und machte so seltsame sägende Geräusche und Armbewegungen. Sie hatte einmal ihren Vater nach diesem Kranken gefragt. Der Vater hatte gesagt, das sei der Dichter aus Berlin, ein harmloser Tropf, hatte der Vater gesagt, und alle würden ihn Dr. Davidsohn nennen. Auch der stand da beim Tor. Sie hatte gesehen, wie er beiseite getreten und mit dem rechten Arm wieder wie sägend durch die Luft gefahren war. Gleichzeitig hatte er den Kopf zur Seite geneigt und sein Gesicht schräg zum Himmel gewandt. Er hatte den Mund geöffnet, seine Lippen bewegt. Sie hatte gemeint, seine Stimme zu hören. Ein Pfleger hatte ihn beim Arm genommen und in die Reihe der anderen gestellt. Der Dr. Davidsohn sollte also auch verreisen.

Langsam und schleppend hatten sich alle in Bewegung gesetzt. Sie waren von der Anstalt weg, vorbei am Hof Ackergrün, zum Feldweg getrottet. Und alles war ganz still.

In einiger Entfernung standen Waggons eines Güterzuges auf den Bahngleisen. »So dunkle, verschlossene

Kästen. Ob das der Zug für die Kranken ist?«, dachte das Mädchen. Bräunlich schimmerten die Waggondächer im Abendlicht.

Die lange Reihe der Kranken bewegte sich auf dem Feldweg in Richtung der Bahngleise. Und da, ganz hinten, konnte sie wieder die kleine gedrungene Gestalt des Dr. Davidsohn erkennen. Er war wohl stehengeblieben. Ein Pfleger führte ihn zu den anderen. »Er will lieber hierbleiben«, dachte das Mädchen, »der kleine Dr. Davidsohn will nicht mehr reisen.« Für einen Augenblick war ihr traurig zumute.

Die Mutter kam und brachte das Mädchen zu Bett. Die Amsel auf dem Dach sang immer noch. Durch das geöffnete Fenster zog kühle Luft herein.

Das Mädchen lag lange wach. Als ihr schließlich doch die Augen zufielen, hörte sie, schon wie im Traum, in großer Entfernung ein metallisches Krachen, das hohl übers Land hallte. Jetzt waren die Waggontüren fest verschlossen.

Der Landesverband der jüdischen Gemeinden Rheinland-Pfalz an Paul Pörtner, 12.6.1958

Wir teilen Ihnen mit, daß aus der hier vorliegenden Deportationsliste Folgendes hervorgeht:

Herr Hans Davidsohn, geb. 16.5.87 in Berlin, wurde am 30.4.1942 unter der Nr. 8 aus der Heil- und Pflegeanstalt Bendorf-Sayn deportiert. Von diesem Transport kam niemand mehr lebend zurück.

Geschichten berühren
Ein Nachwort von Irene Stratenwerth

Im April 1999 bekam ich Post aus dem Leo-Baeck-Institut Jerusalem. Ich hatte dort wie an vielen Stellen in Israel nachgefragt, ob etwas über die Nachkommen der 1933 nach Palästina eingewanderten Familien Davidsohn und Nussbaum bekannt sei. Nun antwortete mir ein Volontär des Institutes: Er hatte eine Suchnotiz im »Mitteilungsblatt« der Einwanderer aus Mitteleuropa aufgegeben. Es hatte sich jemand gemeldet. Adresse und Telefonnummer anbei.

Ein paar Tage später rief ich Chava Dukas zum ersten Mal an. Mir war beklommen zumute. Ich wusste nicht, mit welcher Generation der Familie ich es zu tun haben würde, ob wir eine gemeinsame Sprache sprachen, wie sie einen Anruf aus Deutschland aufnehmen würde.

Die alte Dame machte es uns beiden leicht. »Jakob van Hoddis? Das war mein Onkel«, sagte sie, kaum hatte ich angedeutet, worum es mir ging. »Wissen Sie, dass er dieses Pseudonym aus den Buchstaben des Namens Davidsohn gebildet hat?« Etwa drei Jahre, nachdem ich Fritz Bremers Hoddis-Erzählung zum ersten Mal gelesen hatte, endete mit diesem Telefongespräch eine Suche. Und eine neue Geschichte begann.

Chava Dukas ist 1917 in Nürnberg zur Welt gekommen und hieß damals noch Eva Mathilde Nussbaum. Ihre Mutter, Hans Davidsohns Schwester Anna, hatte in Berlin eine Kunstschule absolviert, ihr Vater, Meinhold Nussbaum, war Rechtsanwalt. Beide waren engagierte Zionisten, erlebten schon in den zwanziger Jahren in Nürnberg einen Antisemitismus, der sie nicht an eine Zukunft in Deutschland glauben ließ. »Judenstinker« rief man den vier Töchtern, unter denen Chava die Älteste war, auf der Straße nach. Zuhause lernten sie hebräisch, um sich auf die Auswanderung vorzubereiten. Über all das sprachen wir in diesem ersten Telefongespräch noch nicht. Wir waren beide zu überrascht: Für Chava Dukas kam es völlig unerwartet, dass irgendjemand in Deutschland ihren toten Onkel für einen bedeutenden Dichter hielt. Und mir schien es unbegreiflich, dass sich jahrzehntelang niemand dafür interessiert hatte, was aus der Familie des Jakob van Hoddis geworden war.

In Maoz Chaim trafen wir uns einige Wochen später. Chava Dukas lebt dort, in einem Kibbuz nahe der jordanischen Grenze. Zu Besuch kamen auch Esther Meron und Israel Meir, Nichte und Neffe des Hans Davidsohn. Sie brachten mit, was ihnen an Erinnerungsstücken an die Familiengeschichte in Deutschland geblieben war: Ein paar vergilbte Familienfotos, Briefe, Tagebücher und Zeitungsausschnitte. Staunend und ehrfürchtig nahmen sie die Bücher zur Hand, die wir mitgebracht hatten: Die Werkausgabe »Jakob van Hoddis – Dichtungen und Briefe« aus dem Arche Verlag; »Odysse eines Verschollenen«, eine Hoddis-Biographie von Helmut Hornbogen und Fritz Bremers Erzählung. All das hatten sie noch nie gesehen.

Von den fünf Kindern aus der Ehe zwischen Hermann und Doris Davidsohn ist einzig Hans, der Älteste, Opfer der Nationalsozialisten geworden. Sein Bruder Ludwig war bereits 1915 als Soldat im ersten Weltkrieg gefallen. Ernst, der Jüngste, emigrierte Anfang der zwanziger Jahre nach Palästina. Anna und Marie, die beiden Schwestern, entschieden sich 1933 mit ihren Familien den selben Weg zu gehen. Doris Davidsohn, die schon seit 1911 verwitwet war, schloss sich ihnen an. Der Sohn, Bruder und Onkel Hans blieb in Deutschland zurück. Man hoffte damals noch, dass er in einer jüdischen Klinik, der Jacoby'schen Anstalt in Bendorf-Sayn, vor antisemitischen Angriffen sicher wäre und menschenwürdig behandelt würde.

Es war sehr heiß in Maoz Chaim. Das Kibbuz, von außen mit Stacheldrahtzäunen und Wachtürmen gesichert, liegt in einer kargen, gebirgigen Landschaft nahe dem Jordan-Fluss. Mit seinen üppigen Gartenanlagen, in denen die kleinen Reihenhäuser verstreut liegen, wirkt es heute fast wie ein Feriendorf. Als Chava Dukas vor sechzig Jahren hierher kam, standen nur ein paar Zelte in der sumpfigen Landschaft. »Wir haben uns das als junge Leute so ausgesucht«, erzählt sie, »es konnte uns nicht heiß und gefährlich genug sein.« Eine Malaria hat sie durchgestanden, später immer wieder mit der Angst vor Bombenangriffen gelebt. Drei Jahre lang hat sie ihre Tochter jede Nacht im Bunker zu Bett gebracht.

Auch Israel Meir und Esther Meron, Sohn und Tochter der Hoddis-Schwester Marie, haben ein Leben voller Anstrengungen, Unsicherheiten, Schicksalsschläge hinter sich. Über ihren Onkel Hans erfuhren sie als Kinder nur wenig, und wenn, dann in Verbindung mit seltsamen Worten wie »Bohème« und »Schizophrenie«. Lange Zeit war Hans Davidsohn für sie dann nur noch Teil einer fernen Vergangenheit, gehörte zu den Erinnerungen an ein Land und eine Zeit, die sie für immer hinter sich gelassen hatten.

So wenig sie über ihren Onkel aus eigener Erinnerung zu berichten hatten, so viel erzählten sie schon in den ersten Momenten unserer Begegnung über den Geist der Familie, aus der Jakob van Hoddis kam. Da war der hintergründige Witz, mit dem Israel Meir uns Gedichte von Morgenstern, Ringelnatz und Hoddis rezitierte und seine leidenschaftliche Liebe zur deutschen Literatur. Da war die Warmherzigkeit und Umsichtigkeit, mit der uns Chava Dukas Willkommen hieß, der Pioniergeist, mit dem sich die über Achtzigjährige gerade Computer und Internet eroberte. Da war der wache, skeptische Blick von Esther Meron, die Wissbegierde und Offenheit, mit der alle drei nun von uns hören wollten, was man in Deutschland noch von ihrem Onkel weiß.

Viel ist das ohnehin nicht. Fast lückenlos ist nur ein Aspekt des Lebens von Hans Davidsohn dokumentiert: Die Krankenakten über den Psychiatriepatienten sind, bis auf die Unterlagen aus der Jacoby'schen Anstalt in Bendorf, fast vollständig aufbewahrt. In Tübingen etwa lagerte, unentdeckt und von niemandem angerührt, noch 1999 auch die Vormundschaftssache

Hans Davidsohn beim Amtsgericht. Der Vorgang, in dem es vor allem um Kostenfragen geht, endet mit dem Vermerk, dass das Vermögen des Hans Davidsohn nach seiner »Aussiedelung« nunmehr dem Deutschen Reich zufalle. Das war 1943, und Hans Davidsohn hatte schon lange nichts mehr zu vererben.

Die Dokumente, die von dem Dichter Jakob van Hoddis erzählen, sind weniger wohlgeordnet. Einen großen Teil seines heute bekannten Werkes, etwas 100 Gedichte und Prosatexte, hat sein Freund Erwin Löwenson nach Palästina gerettet, eine Handvoll Briefe finden sich verteilt in Nachlässen und Archiven überall auf der Welt. Kaum einer von Hoddis' Weggefährten ist in Deutschland alt geworden: Emmy Hennings starb völlig verarmt in der Schweiz, David Baumgardt ging nach Amerika, Franz Pfemfert nach Mexiko, Simon Ghuttmann über Frankreich nach London. Ludwig Meidner kehrte 1953 aus England nach Deutschland zurück. Erwin Löwenson blieb in Israel wo er 1963 starb. Lotte Pritzel überlebte den Krieg in Berlin, ihre Wohnung jedoch lag in Trümmern.

Es waren die wenigen Briefe und Erinnerungstexte von den Freunden und aus der Familie[1], auf die sich Fritz Bremer beim Schreiben seiner Hoddis-Erzählung stützen konnte. Darüberhinaus war er auf seine Vorstellungskraft, sein Einfühlungsvermögen, seine Kenntnis der literarischen Welt jener Zeit und seine Erfahrung in unterschiedlichsten Feldern der Psychiatrie angewiesen. Als ich seine Erzählung, 1996 noch als Druckfahne, zum ersten Mal las, bekam ich heftiges

Herzklopfen. Etwas sprach mich direkt und sehr beunruhigend an. Ich wollte mehr über diesen Jakob van Hoddis wissen, der mir so seltsam fern und doch so lebendig nahe gebracht worden war, der mich tief berührte und zugleich Fremdheit spüren ließ.

Gemeinsam machten Fritz Bremer und ich uns 1997 auf den Weg, zunächst mit der Idee, die Bilder, die er für seine Erzählung gefunden hatte, in einen Film umzusetzen. Ratlos standen wir im ehemaligen »Grünen Weg« (heute Singerstraße) in Berlin Friedrichshain, wo Hans Davidsohn zur Welt gekommen war: Längst waren die engen Mietskasernen und Hinterhöfe der Jahrhundertwende öden Grünflächen und Plattenbauten gewichen. Auch die schick renovierten Hackeschen Höfe ließen allenfalls ahnen, wie es dort 1909 zugegangen war, als Jakob van Hoddis mit seinen Freunden den expressionistischen »Neuen Club« gründete.

Auf dem riesigen, halb verwilderten und seit Jahrzehnten in Tiefschlaf gefallenen jüdischen Friedhof Berlin-Weissensee fanden wir das Grab von Hans Davidsohns Vater. Der Grabstein war umgefallen, nur noch an einer Nummer zu identifizieren, von Efeu überwuchert. Im Jahre 1911 wurde der Sanitätsrat und medizinische Schriftsteller Hermann Davidsohn als letztes Mitglied seiner Familie in Deutschland begraben.

In Frankenhain sahen wir ein stilles, friedvolles Dorf, das Schulhaus des Lehrers Siegling, und auf dem Dachboden ein altes Melderegister, in dem auch Hans

Davidsohns Ankunft im Jahre 1915 vermerkt war. Hier schien die Zeit noch immer stehengeblieben – ganz anders als im Christophsbad Göppingen, wo sich heute hochmoderne Klinikneubauten zwischen die alten Anstaltsgebäude gedrängt haben.

Die ehemaligen Jacoby'schen Anstalten in Bendorf-Sayn, wo Hoddis von 1933 bis 1942 untergebracht war, stehen nach jahrzehntelanger Nutzung durch ein katholisches Knabenheim heute leer. Hier war eine eigene Geschichte zu entdecken, ein bisher ungeschriebenes Kapitel der Psychiatriegeschichte in der NS-Zeit: Es handelt davon, wie jüdische Ärzte, Krankenschwestern, Pfleger und Patienten gemeinsam versuchten, eine Enklave der Humanität in einem wahnsinnig gewordenen Land aufrecht zu erhalten.[2] 1942 hat man sie zusammen in Güterwagen gepfercht, nach Polen deportiert und dort ermordet.

Die Suche nach Spuren des Lebens von Jakob van Hoddis geriet trotz allem nicht nur zu einer Befassung mit vergessenen und verdrängten Teilen der deutschen Geschichte. Überall dort, wo Hoddis für längere Zeit gelebt hat, trafen wir auf Menschen, die von seinem Schicksal angesprochen und beunruhigt worden waren und etwas in Bewegung gesetzt hatten. In Berlin hängt heute eine Gedenktafel für Hoddis am Eingang der Hackeschen Höfe, veranlasst durch den jüdischen Theatermann Antonin Dick. Im Göppinger Christophsbad hat der Psychologe Rolf Brüggemann, gemeinsam mit Mitarbeitern und Patienten der Klinik eine Ausstellung über Jakob van Hoddis organisiert und ihm eine Sondernummer der Zeitschrift »Seelenpresse« gewidmet. In Frankenhain organisierte das Literaturhaus Erfurt gemeinsam mit dem Schriftsteller Wulf Kirsten eine Veranstaltung und eine Gedenkwanderung für Jakob van Hoddis. In Tübingen heißt die Treppe, die zur Nervenklinik hinaufführt, heute »Jakob van Hoddis Staffel«, dafür sorgte sein Biograph Helmut Hornbogen. In Bendorf-Sayn sammelt und publiziert der Lehrer Dietrich Schabow seit Jahrzehnten Dokumente über die jüdische Geschichte seiner Heimatgemeinde und der Jacoby'schen Anstalten, organisiert Gedenkveranstaltungen für deren Patienten Jakob van Hoddis. Auf besondere Weise erinnerte der sozialpsychiatrische Reformer Klaus Dörner an den expressionistischen Dichter: Er benannte seinen 1986 in Gütersloh gegründeten Verlag nach Jakob van Hoddis.

In Israel, in der Begegnung mit den Nachkommen der Familie Davidsohn, berührten sich Vergangenheit und Gegenwart auf eine neue Weise. Uns lehrte dieser Besuch, was man in Deutschland allzu oft vergißt: Daß die deutsch-jüdische Geschichte nicht nur von Ermordung und Vernichtung handelt, sondern auch von Flucht und Vertreibung, oder, aus einer anderen Perspektive gesehen, vom Überleben. Durch die Begegnung mit den Erben des Jakob van Hoddis, mit Menschen aus jener Generation von »Jeckes« – so nennt man in Israel die aus Deutschland eingewanderten Juden –, lernte ich eine neue Art von Heimweh kennen: Das Heimweh nach einem Deutschland, das 1933 für immer verloren ging.

Esther Meron, die als Dreizehnjährige nach Palästina kam, starb wenige Monate, nachdem wir uns in Maoz Chaim kennengelernt hatten. Fritz Bremers Erzählung hat sie noch gelesen, und dabei, wie sie in einem Brief schrieb, viel über ihren Onkel erfahren. Mit dieser Mitteilung ist nichts darüber gesagt, ob jener Hoddis, von dem Fritz Bremer erzählt, große Ähnlichkeit mit dem Hans Davidsohn hat, der 1912 in die Privatheilanstalt Waldhaus in Nikolassee eingeliefert wurde. Durch das Schreiben und Lesen dieser Erzählung aber ist ein Versuch der Verständigung, über das, was damals passiert sein könnte, möglich geworden. Für einen Moment haben die verschiedenen Seiten einer Geschichte, die für immer auseinandergerissen schienen, wieder miteinander Berührung aufgenommen.

Im Laufe all der Recherchen und Begegnungen machte ich in Bezug auf Fritz Bremers Text ohnehin eine erstaunliche Erfahrung: Anfangs hatte ich noch gedacht, diese Erzählung müsste nach dem Auffinden neuer biographischer Informationen gründlich überarbeitet und umgeschrieben werden. Doch jedes Mal, wenn ich sie wieder zur Hand nahm, schien sie sich den neuen Erkenntnissen und Informationen irgendwie angepasst zu haben. Fritz Bremers Entwurf einer Hoddis-Figur, der niemals versucht das Rätsel dieses Schicksals aufzulösen, bedeutet eben nicht Festlegung, sondern Aufforderung zu weiterem Fragen und Suchen. Gerade die detailversessene Recherche hat klargemacht, wo sich das Schicksal des Jakob van Hoddis einem endgültigen Bescheid-Wissen, einem vereinnahmenden Verstehen, einer klugen Analyse für immer verschließt. Da Fritz Bremers Erzählung nie darauf angelegt war, die Wirklichkeit jener Jahre exakt nachzuzeichnen, wurden für diese Neuauflage schließlich nur ein paar wichtige historische Details korrigiert – Dinge, die wir heute genauer wissen.

Auf unserer Suche nach den Berliner Schauplätzen des Lebens von Jakob van Hoddis hatte uns ein Gebäude besonders angesprochen, obwohl es von Hans Davidsohn vielleicht niemals betreten wurde. Nur wenige hundert Meter vom Hackeschen Markt entfernt standen wir an einem Winterabend vor der ehemaligen Neuen Synagoge in der Oranienburger Straße. Ein Polizist bewachte den Eingang, die prächtige Fassade erstrahlte in warmem Licht. Diese Stein gewordene Synthese zwischen einer weltzugewandten jüdischen Religiosität und wilhelminischer Ehrwürdigkeit erzählte uns viel von der Größe und dem Selbstbewußtsein einer jüdischen Gemeinde, die vor 150 Jahren erwarten konnte, bald ein selbstverständlicher Teil der Metropolen-Gesellschaft zu sein.

Zum Zeitpunkt der Drucklegung dieses Buches ist aus den Plänen für einen Film über Jakob van Hoddis das Projekt einer Ausstellung geworden. Im Sommer 2001 wird sie im Berliner Centrum Judaicum gezeigt. Genau jenes Synagogengebäude in der Oranienburger Straße ist nun der Ort, an dem die Geschichte des großen Dichters, des Psychiatriepatienten und deutschen Juden Hans Davidsohn/Jakob van Hoddis in einer neuen Form, mit Dokumenten, Texten, Tönen und Bildern erzählt werden soll. Auch die Gedichte, die der junge Berliner Student vor fast einhundert Jahren nachts in seine Kladde kritzelte, werden auf diese Weise noch einmal in die Mitte der neuen Hauptstadt zurückgetragen.

Während der Vorbereitungen dieses Projektes beginnen wir erneut, Nachforschungen über die letzte Lebensphase des Hans Davidsohn anzustellen. Dazu gehört auch das Grauen, das beim Versuch entsteht, sich den Weg vorzustellen, den er noch vor sich hatte, als die Tür des Güterwagens hinter ihm zuschlug. Ob van Hoddis diese Reise, die wahrscheinlich in den Bezirk Lublin in Polen ging, überhaupt überlebte, ob man ihn in Izbica erschoss, in Sobibór ins Gas schickte, oder ob er in einem Lager zugrunde ging, wird sich wohl nie mehr aufklären lassen.

1 Zusammengetragen und publiziert in: HELMUT HORNBOGEN: *Odyssee eines Verschollenen.* Hanser Verlag, München/Wien 1986.
Jakob van Hoddis – Dichtungen und Briefe. Herausgegeben von REGINA NÖRTEMANN, Zürich 1987.

2 vgl. hierzu: IRENE STRATENWERTH: *Leben und Sterben in Sayn.* Brückenschlag 16, Paranus Verlag, Neumünster 2000.

Fritz Bremer/Hartwig Hansen/Jürgen Blume (Hg.)

Wie geht's uns denn heute!

Sozialpsychiatrie zwischen
alten Idealen und
neuen Herausforderungen

260 Seiten, 36,– DM

ISBN 3-926200-47-2

Es ist an der Zeit, Fragen zu stellen und kritische Bilanz zu ziehen: Wie geht's uns denn heute!

Wir erleben eine große Rastlosigkeit im alltäglichen Hamsterrad. Wird daraus Ratlosigkeit?

Fragen gibt es genug in Zeiten von Sparzwang und Qualitätsmanagement. Es ist an der Zeit zu überprüfen, was erreicht werden konnte, was sich wirklich verändert hat, was heute kaputtgespart wird und wie weit es in der psychiatrischen Alltags-Praxis mit dem viel beredeten Trialog wirklich gediehen ist.

Wir haben engagierte Menschen, deren Name mit der Idee der Psychiatriereform verbunden ist, gebeten, ihre Sicht der historischen und aktuellen Entwicklungen aufzuschreiben: Offen und persönlich, resümierend und visionär. Und wir mussten nicht lange bitten.

Denn es liegt etwas in der Luft, das beunruhigt, umtreibt und veranlasst, sich nach Verbündeten umzuschauen.

Paranus verlag

Paranus Verlag der Brücke Neumünster gGmbH
Ehndorfer Straße 15–17 · 24537 Neumünster
Telefon (0 43 21) 20 04-500 · Fax 20 04-411 · www.paranus.de